# 先进光学波前传感技术及其应用

## Advanced Optical Wavefront Sensing Technology and Its Applications

王建立 高 昕 姚凯男 著

科学出版社

北 京

# 内 容 简 介

波前传感技术作为一门现代光学度量手段，主要根据不同的探测原理设计相应的光学系统，利用光电探测器件对相应接收面上的光强信息进行采样，进而复原光束的波前分布。本书较为系统地讲述了先进光学波前传感技术的最新进展和应用实例。针对不同的技术特点，系统地介绍了传统技术发展历程、先进技术工作原理、主要性能指标和关键技术，并阐述了先进光学波前传感技术在镜面型检测、系统像差检测、温度场测量、光学系统标定、双星测量等领域的应用实例。

本书既可供从事先进光学波前传感技术研究和应用的广大工程技术人员及科技工作者参考，也可作为理工科研究生的教材或参考书。

**图书在版编目(CIP)数据**

先进光学波前传感技术及其应用/王建立，高昕，姚凯男著. —北京：科学出版社，2021.7
　ISBN 978-7-03-067243-8

Ⅰ.①先… Ⅱ.①王…②高…③姚… Ⅲ.①光电传感器–研究 Ⅳ.①TP212.1

中国版本图书馆 CIP 数据核字（2020）第 251966 号

责任编辑：周　涵　杨　探／责任校对：彭珍珍
责任印制：赵　博／封面设计：无极书装

科学出版社 出版
北京东黄城根北街 16 号
邮政编码：100717
http://www.sciencep.com

北京虎彩文化传播有限公司印刷
科学出版社发行　各地新华书店经销
*
2021 年 7 月第　一　版　　开本：720×1000　1/16
2024 年 4 月第四次印刷　　印张：13 3/4
字数：278 000
定价：118.00 元
（如有印装质量问题，我社负责调换）

# 序

波前传感技术是随着自适应光学、主动光学等技术的出现而快速发展的一门光学波前测量手段，是现代光电探测领域的重要研究方向之一。波前传感技术基于不同的探测原理，通过对待测光束的调制与采样来实现光束波前的测量，为大口径天文观测、激光光束净化、自由空间光通信、生物成像等领域的发展提供了关键的技术支撑。近年来，波前传感技术极大地推动了光电探测的研究进展，取得了丰硕的研究成果，而波前传感技术本身也在此过程中得以不断提高、发展与完善。

中国科学院长春光学精密机械与物理研究所王建立研究员及其带领的光电探测部科研集体，长期从事地基大口径光电望远镜系统研究，先后承担多个专项及重大工程任务，尤其是研制成功世界最大的地基 4m 口径 SiC 高分辨率成像望远镜。该望远镜的研制成功是该团队在以自适应光学、主动光学为代表的一系列大口径光电系统关键技术上，多年扎实攻关，长期坚持创新的结果。作为其中的一项关键技术，即波前传感技术，该团队进行了深入研究与应用，取得了一系列富有创造性的理论与实践成果。为了更好地推动波前传感技术的发展，他们根据需求编著了《先进光学波前传感技术及其应用》一书。

这本书详尽地讲解了波前传感技术的基本原理，对波前整体倾斜传感技术、夏克-哈特曼光学波前传感技术、棱锥光学波前传感技术、横向剪切干涉波前传感技术、曲率光学波前传感技术、全息光学波前传感技术、相位恢复与相位差异光学波前传感技术进行了系统的讨论与梳理。其内容包括上述光学波前传感技术的发展历程、工作原理、主要性能指标和关键技术，并介绍了其在实际工程技术中的应用实例。全书内容条例清晰、层次分明、逻辑性强，可为相关领域专业人员提供有益的参考与借鉴，亦适用于研究生教学。相信该书的出版，将对波前传感技术的发展及相关方向科技人才的培养与提高做出新的贡献。

姜会林

2021 年 6 月 24 日

# 前　　言

　　光学是一门历史悠久而又年轻的学科,无时无刻不在影响着我们的生活、工作和科研活动。在天文观测和空间监视等领域,需要研制看得更远、更清晰、探测能力更强的大型光电成像望远镜。为此,中国科学院长春光学精密机械与物理研究所(简称长春光机所)根据国家重大需求,于 2007 年成立大口径创新团队,突破地基大口径光学望远镜关键技术,研制出基于 4m 口径 RB-SiC(反应烧结碳化硅)反射镜的地基高分辨光学成像望远镜。

　　按照传统光学成像的理论,大口径光学系统清晰成像要求光学波前 (optical wavefront) 误差要小,然而 4m 级 SiC 反射镜受到温度、重力影响,在使用环境下会产生镜面支撑变形,主次镜因重力的变化也会位置失调,从而导致光学成像系统产生波前误差;另外,大气湍流也会造成很大的波前误差。

　　长春光机所大口径创新团队围绕高刚度、高膨胀系数 RB-SiC 反射镜主动支撑、大规模自适应光学、图像复原、系统集成装调等 4m 望远镜关键技术攻关过程中,开展了夏克-哈特曼、棱锥、横向剪切干涉和全息等基于瞳面的光学波前探测技术,以及波前整体倾斜、曲率、相位恢复和相位差异等基于焦面的光学波前探测技术的研究。夏克-哈特曼波前探测成功应用在 4m SiC 反射镜面主动校正和千单元规模自适应光学系统中;相位差异波前探测技术,解决了自适应光学夏克-哈特曼光路与成像光路的非共光路像差检测的难题;相位恢复波前探测技术应用在图像复原上,进一步提高了图像的分辨率。在以上波前探测与校正关键技术突破的基础上,长春光机所成功研制出 4m SiC 反射镜面的地基高分辨率成像望远镜。

　　作为创新团队的学术带头人,按照中国科学院提出的"出成果、出人才、出思想"科研工作目标,作者系统总结了工程上使用的光学波前传感技术成果,并整理成书出版发行,为国内外同行提供技术参考。

　　本书撰写过程得到了长春光机所光电探测部李宏壮、王斌、陈璐、安其昌、马鑫雪、刘永凯等的帮助,郭宸孜博士和陈璐博士对全书进行了系统校对。长春光机所于前洋、韩昌元和陈涛专家一直鼓励本书的出版。在此,一并表示感谢。

　　"潜心笃志舟楫同,登高远望天目开。"本书的出版也是长春光机所光电探测部全体同事十余年知行合一、开拓创新实践成果的总结,感谢团队多年的共同努力与支持。衷心感谢姜会林院士百忙之中亲自给本书作序。

　　限于作者水平和时间，本书难免存在疏漏，不足之处望广大读者给予批评指正。

2021 年 6 月 7 日于长春

# 目　　录

# 第 1 章  概　　述

## 1.1　先进光学波前传感技术的应用需求

光学波前传感技术作为一门现代光学度量手段,主要根据不同探测原理[1]设计相应的光学系统,利用光电探测器件对相应接收面上的光强信息进行采样,进而复原光束的波前分布。光学波前传感技术的出现与波动光学的提出、发展密切相关。

17 世纪,荷兰物理学家惠更斯提出了光的波动理论,创立了波动说[2]。其在《光论》一书中写道:"光同声一样,是以球形波面传播的。"并指出光振动所达到的每一点都可视为次波的振动中心,次波的包络面为传播着的波的波阵面 (即波前)。但由于当时牛顿的光微粒说占据着绝对的主导地位[3],光的波动理论及光波前等概念的相关研究并未得到关注。

直到 19 世纪初,托马斯·杨的双缝干涉实验确切地证实了光的波动性质,奥古斯丁·菲涅耳又以杨氏干涉补充了惠更斯原理,由此形成了今天为人们所熟知的惠更斯-菲涅耳原理,该理论圆满解释了光的干涉和衍射现象[4]。随后麦克斯韦又在 19 世纪末叶提出了光的电磁理论[5],这使得惠更斯的光波动学说再次得到承认。但该理论只对光的传播作出了满意的解释,难以说明光的发射和吸收过程,表现出了经典物理的困难。因此,光的波动说与粒子说的争论从未平息。到了 20世纪初,普朗克和爱因斯坦基于光电效应提出了光的量子学说[6],"对于时间的平均值,光表现为波动;对于时间的瞬间值,光表现为粒子性",即波粒二象性。这一科学理论最终得到了学术界的广泛接受。

随着三个多世纪的波动、粒子之争落下帷幕,光作为电磁波的一种已得到人们的认可,而波前 (相位) 作为光的重要属性之一也开始逐步进入研究人员的视野。1935 年,Frederick Zernike 基于光的相位差所引起的干涉现象提出了位相反衬法,有效改善了透明物体成像的反衬度[7]。鉴于位相反衬法在生物学、医学、晶体学中的重要应用价值,Frederick Zernike 获得了 1953 年诺贝尔物理学奖。同年,为了解决天文观测中大气湍流带来的成像分辨率下降问题,Horace W. Babcock首次提出了自适应光学概念[8],即通过实时探测、补偿波前畸变,以减小光学系统光瞳处的波前畸变,从而达到改善系统像质的目的。然而,由于当时缺乏有效的实时波前探测与调制手段,自适应光学概念并未得到快速发展。随着人们对光束波前认识的不断深入,波前信息的巨大研究价值及发展潜力日益凸显。在迫切应用需求的推动下,作为光束波前探测与感知的关键技术手段,光学波前传感技术迎来了其发展的黄金时期。

在随后的几十年里,波前整体倾斜传感技术、夏克-哈特曼 (Shack-Hartmann) 光学波前传感技术、棱锥光学波前传感技术、多波前横向剪切干涉技术、曲率光学波前传感技术、全息光学波前传感技术、相位恢复与相位差异光学波前传感技术等各种各样的先进波前探测手段应运而生,并在天文观测、激光光束净化、医学成像、光通信等领域发挥着越来越关键的作用。

首先在天文观测领域,地基反射式望远镜的最高分辨率主要由主镜口径决定。为了追求更高的成像分辨率,望远镜的主镜口径由最初的几十毫米发展到如今的十几米甚至是几十米 [9]。随着口径的不断增大,受到自身温度均匀性、重力的影响,镜面的面型误差、镜体及其相关机械结构的姿态失调均会导致望远镜的成像质量变差;此外,大气湍流带来的像斑模糊和星点抖动问题,同样会降低望远镜的观测效果。因此,大口径望远镜系统往往需要主动光学技术以及自适应光学技术来进行修正,而精准的波前探测是实现主动光学、自适应光学补偿的前提条件。首套应用于天文观测的自适应光学系统 [10] (COME-ON) 便是基于夏克-哈特曼光学波前传感技术实现的,该系统安装在欧洲南方天文台 3.6m 望远镜上,在自适应光学技术补偿下实现了 2.2μm 波段的近衍射极限成像。图 1.1 给出了基于分块式镜面成像的 Keck 望远镜观测到的土卫六星云图像 [10,11]。通过对比可以看出,在主动光学系统、自适应光学系统的补偿下土卫六星云的图像质量得到了明显改善。

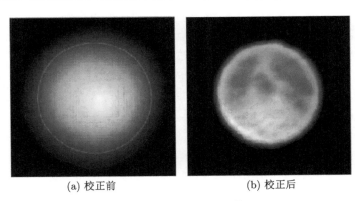

(a) 校正前　　　　　　　　　　(b) 校正后

图 1.1　土卫六星云图像

在激光光束控制领域,介质非均匀性、热效应、系统加工与装调误差等因素均会引入波前畸变,从而导致输出激光的光束质量变差,影响其进一步应用。在诸如国家点火装置 (National Ignition Facility, NIF)[12-14]、神光装置 [15-17] 等强激光装置中,波前畸变不仅会对光学系统运行安全构成威胁,更是直接决定了远场焦斑的能量集中度。如图 1.2 所示,NIF 装置采用由夏克-哈特曼光学波前传感器和 39 单元大口径变形镜 (DM) 组成的自适应光学系统,校正了系统光路中的静态、动态波前畸变，使得 192 路脉冲激光精准聚焦在 600μm 的点目标上。随着激光技术的不断发展，越来越多的激光系统对光束波前畸变的控制和校正提出了严苛要求，而作为实现波前校正的基础和前提，高性能的光学波前传感技术一直以来都是激光光束净化领域的研究热点。

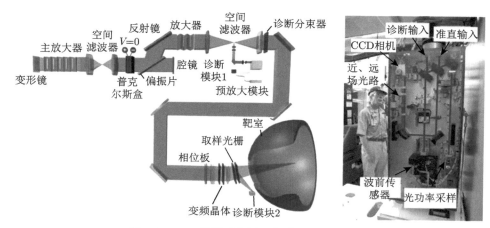

图 1.2　NIF 装置示意图及传感器组件实物图

　　光学波前传感技术在医疗领域也拥有着广泛的应用前景。通过眼底视网膜成像，可以发现多种人体病变信息。但人眼像差除了离焦、像散外，还包含其他 30 多种高阶像差[18,19]，降低了成像分辨力。传统的眼科测量技术无法克服这些高阶像差，而哈特曼探测器等光学波前传感技术可以用于人眼视网膜成像系统中，通过获取人眼像差并加以补偿，以得到更加清晰的眼底视网膜图像[20]。此外，光学波前传感技术还可以获得更为精确的人眼像差分布 (图 1.3)，从而对角膜屈光手术进行指导[21]。

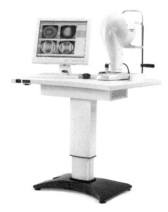

图 1.3　德国视明 (SCHWIND) 公司人眼像差分析仪

在图 1.4 所示的光通信方面, 大气湍流对自由空间光通信影响很大, 使得激光信号通过大气信道传输后产生波前畸变, 进而使接收端光斑弥散, 接收功率和能量集中度明显下降, 导致误码率上升, 甚至通信失败[22,23]。夏克-哈特曼光学波前传感技术、棱锥光学波前传感技术等是实时探测由大气湍流所引起波前畸变的有效方法。在结合波前校正器件加以补偿后, 可以提高自由空间光通信系统光纤耦合效率, 提高链路稳定性, 降低误码率, 从而实现更高的通信速率。因此, 适用于大气湍流探测的光学波前传感技术已经成为自由空间光通信领域的关键支撑技术之一。

图 1.4　美国国家航空航天局 (NASA) 月球激光通信演示系统

综上, 目前先进光学波前传感技术已经被广泛应用于多种现代光学系统中, 如地基高分辨成像望远镜、激光惯性核聚变、人眼视网膜成像、自由空间光通信等。随着研究的不断深入, 复杂场景下精确、快速、灵敏的波前探测需求同样变得日益迫切。因此, 具备高性能探测潜力的先进光学波前传感技术一直作为光学探测领域的研究热点而备受瞩目。

## 1.2　先进光学波前传感技术的基本概念

### 1.2.1　波前畸变概述及其表征方式

波阵面表示光波传输到某一位置处由等相位面所组成的曲面, 而最前方的波阵面即为光波的波前, 根据波前形状一般可以分为球面波、平面波等。标准球面波经理想光学系统后仍能聚焦于一点, 使得物点可以在像平面上清晰成像, 如图 1.5 所示。

然而实际的光学系统往往存在传输介质非均匀性、光学元件加工及装调误差等问题, 当光束经过实际系统后, 其波前将不再是标准形状的球面波, 光束也无法在理想像点处聚焦, 从而导致光学系统无法对点光源清晰成像, 如图 1.6 所示, 这种波前发生形变的情况我们称为波前畸变。

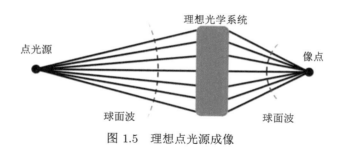

图 1.5  理想点光源成像

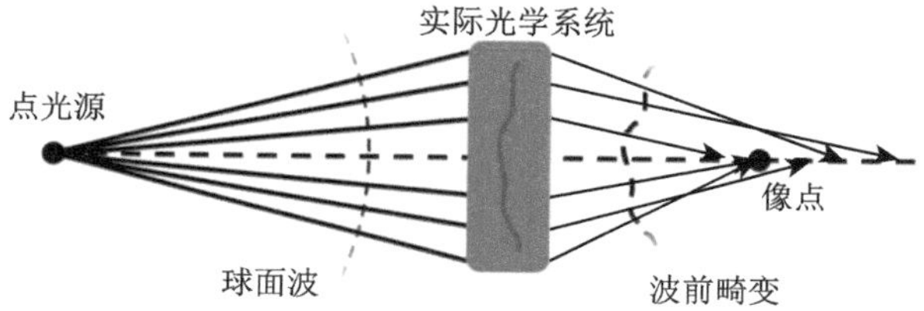

图 1.6  波前畸变

波前畸变通常等效为二维曲面，与二维函数相对应。因此，利用一组完备的二维正交基即可表征波前畸变。目前常用的波前展开多项式有 Legendre 多项式 [24]，Zernike 多项式 [25] 等。其中 Zernike 多项式因具在单位圆内连续正交，且低阶像差物理意义明确等优点 [26-28]，现已成为波前畸变表征方式中最为常用的模式分解基函数。

Zernike 多项式具有无穷级次，常采用极坐标 $\rho$ 和 $\theta$ 形式以便描述圆域内的波前畸变。波前 $\varphi(\rho,\theta)$ 利用 $N$ 阶 Zernike 多项式的线性加权组合即可表示如下：

$$\varphi(\rho,\theta) = \sum_{i=1}^{N} a_i Z_i(\rho,\theta) \tag{1-1}$$

式中，$a_i$ 是第 $i$ 阶 Zernike 多项式的系数。

Zernike 多项式通常可以写成如下形式 [26]：

$$
\begin{aligned}
Z_i &= \sqrt{(n+1)} R_n^0(\rho), \quad m = 0 \\
Z_i &= \sqrt{2(n+1)} R_n^m(\rho) \cos m\theta, \quad i = 2j, \quad m > 0 \\
Z_i &= \sqrt{2(n+1)} R_n^m(\rho) \sin m\theta, \quad i = 2j-1, \quad m < 0
\end{aligned}
\tag{1-2}
$$

式中，$m$，$n$ 分别为角向频率和径向频率。径向多项式 $R_n^m(\rho)$ 的表达式如下：

$$R_n^m(\rho) = \sum_{s=0}^{\frac{n-m}{2}} \frac{(-1)^s(n-s)!}{s!\left(\dfrac{n+m}{2}-s\right)!\left(\dfrac{n-m}{2}-s\right)!}\rho^{n-2s} \tag{1-3}$$

Zernike 多项式在单位圆上正交

$$\frac{1}{\pi}\int_0^{2\pi}\int_0^1 Z_i(\rho,\theta)Z_j(\rho,\theta)W(r)\rho\mathrm{d}\rho\mathrm{d}\theta = \delta_{ij} \tag{1-4}$$

式中，$W(r)$ 单位圆内取值为 $1/\pi$，单位圆外取值为 0；$\delta_{ij}$ 为 Kronecker 符号:

$$\delta_{ij} = \begin{cases} 1, & i=j \\ 0, & i\neq j \end{cases} \tag{1-5}$$

Zernike 多项式系数 $a_i$ 可以表示为

$$a_i = \frac{1}{\pi}\int_0^{2\pi}\int_0^1 Z_i(\rho,\theta)\varphi(\rho,\theta)\rho\mathrm{d}\rho\mathrm{d}\theta \tag{1-6}$$

低阶 Zernike 多项式表达式及其对应的 Seidel 像差，如表 1.1 所示。图 1.7 则给出了前 15 阶 Zernike 多项式对应的波前形状。

表 1.1  低阶 Zernike 多项式表达式及其对应的 Seidel 像差

| $n$ | $m$ | 多项式 | 像差 |
|---|---|---|---|
| 0 | 0 | $Z_1 = 1$ | 平移 |
| 1 | +1 | $Z_2 = 2\rho\cos\theta$ | 倾斜 |
|  | -1 | $Z_3 = 2\rho\sin\theta$ |  |
| 2 | 0 | $Z_4 = \sqrt{3}\left(2\rho^2-1\right)$ | 离焦 |
| 2 | -2 | $Z_5 = \sqrt{6}\rho^2\sin2\theta$ | 像散 |
|  | +2 | $Z_6 = \sqrt{6}\rho^2\cos2\theta$ |  |
| 2 | -1 | $Z_7 = \sqrt{8}\left(3\rho^2-2\rho\right)\sin\theta$ | 彗差 |
|  | +1 | $Z_8 = \sqrt{8}\left(3\rho^2-2\rho\right)\cos\theta$ |  |
| 3 | -3 | $Z_9 = \sqrt{8}\rho^3\sin3\theta$ | 三叶像散 |
|  | +3 | $Z_{10} = \sqrt{8}\rho^3\cos3\theta$ |  |
| 4 | 0 | $Z_{11} = \sqrt{5}\left(6\rho^4-6\rho^2+1\right)$ | 球差 |
| 4 | +2 | $Z_{12} = \sqrt{10}\left(4\rho^4-3\rho^2\right)\cos2\theta$ | 五阶像散 |
|  | -2 | $Z_{13} = \sqrt{10}\left(4\rho^4-3\rho^2\right)\sin2\theta$ |  |

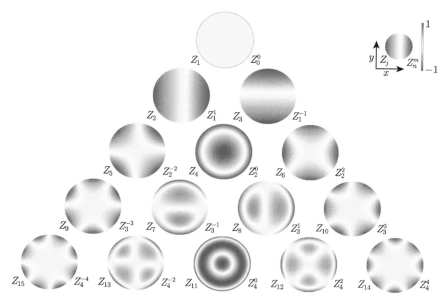

图 1.7  前 15 阶 Zernike 多项式对应的波前形态

## 1.2.2  光学波前传感技术的关键性能指标

光学波前传感技术作为主动光学、自适应光学等波前校正系统的“眼睛”，负责波前畸变信息的探测与处理，其关键性能指标主要有探测精度、探测速度、灵敏度、动态范围等，如表 1.2 所示。

表 1.2  光学波前传感技术的关键性能指标

| 性能指标 | 定义 |
| --- | --- |
| 探测精度 | 绝对测量精度：传感器测量已知波前的能力，定义为测量得到的波前和实际输入波前之间的差异<br>重复测量精度：给定静态波前时，测量结果的起伏大小。反应了读出噪声、暗电流、背景光子噪声和信号的强度起伏等随机因素对探测结果的影响程度 |
| 探测速度 | 传感器所能测量的动态波前畸变的时间分辨率 |
| 灵敏度 | 传感器能够探测到的最小波前变化 |
| 动态范围 | 传感器探测信号不饱和的条件下，所能探测到的最大幅度的波前畸变 |

通常情况下，光学波前传感技术的上述性能指标往往难以兼得，在传感器设计阶段需要综合考虑波前扰动的时间尺度、空间尺度等参数，根据实际要求对不同性能参数进行取舍。

波前探测的实现过程需要利用光电探测器件将光信号转化为可分析的电信号，因此，光学波前传感器的探测性能除了因探测原理不同而存在的差异外，还会受到光电探测器件的限制。目前主流的光电探测器件有电荷耦合器件 (CCD) 和互补金属氧化物半导体 (CMOS) 两类,随着设计和工艺的进步,这两种器件在性能方面都有了极大的提升,如 First Light Imaging 公司的 ocam2-WFS[29](EMCCD)、Hamamatsu 公司的 ORCA-Flash4.0[30](sCMOS) 等器件在量子效率、探测帧频、探测噪声、分辨率等方面均有了明显的改善。上述先进光电探测器件的出现对于光学波前传感技术性能指标的提升同样至关重要。

## 1.3　常见光学波前传感技术的分类与比较

目前常用的先进光学波前传感技术,主要包括波前整体倾斜传感技术、夏克-哈特曼光学波前传感技术、棱锥光学波前传感技术、横向剪切干涉光学波前传感技术、曲率光学波前传感技术、全息光学波前传感技术、以及相位恢复及相位差异光学波前传感技术等。这些光学波前传感技术各具优缺点,在主动光学和自适应光学等系统中都得到了成功应用。

按照波前探测在光学系统中的位置,光学波前传感技术可分为瞳面探测和焦面探测;按照波前复原方式,可分为区域和模式波前探测;按照波前复原过程,可分为线性和非线性波前探测。综上,光学波前传感技术的分类,如表 1.3 所示。

**表 1.3　常用光学波前传感技术的分类**

| 名称 | 探测位置 | 重构方式 | 重构过程 |
|---|---|---|---|
| 波前整体倾斜传感技术 | 焦面 | 模式 | 线性 |
| 夏克-哈特曼光学波前传感技术 | 瞳面 | 区域 | 线性 |
| 棱锥光学波前传感技术 | 瞳面 | 区域 | 线性 |
| 横向剪切干涉光学波前传感技术 | 瞳面 | 区域 | 线性 |
| 曲率光学波前传感技术 | 焦面 | 区域 | 非线性 |
| 全息光学波前传感技术 | 瞳面 | 模式 | 线性 |
| 相位恢复光学波前传感技术 | 焦面 | 模式 | 非线性 |
| 相位差异光学波前传感技术 | 焦面 | 模式 | 非线性 |

光学波前传感器的性能,包括探测精度、速度、分辨率、灵敏度、动态范围、光谱范围等。上述光学波前传感器中,夏克-哈特曼光学波前传感器的探测动态范围和光谱范围均较大、速度较高,但探测精度、灵敏度和分辨率偏低;棱锥光学波前传感器的探测速度和灵敏度较高、光谱范围较大,但探测精度和分辨率偏低、动态范围较小;横向剪切干涉仪的探测动态范围和光谱范围较大、精度和分辨率较高,但探测速度和灵敏度较低;曲率光学波前传感器结构简单,光能利用率高,实时性好,但目前仅适用于要求低阶像差探测的系统中,对于高阶像差的复原能力有限;全息光学波前传感器的探测速度和灵敏度高、计算量小而且对光闪烁不敏感,但探测精度和分辨率较低、光谱范围较小;相位恢复与相位差异光学波前

传感器的探测精度、灵敏度和分辨率较高，但探测速度较低而且光谱范围较小，相位恢复的探测动态范围要比相位差异大，而相位差异适于对扩展目标进行波前传感。因此，在具体的设备和系统中，往往需要按照实际情况和环境来选择合适的光学波前传感技术。常用光学波前传感技术的主要优缺点，如表 1.4 所示。

**表 1.4 常用光学波前传感技术的性能比较**

| 名称 | 优点 | 缺点 |
|---|---|---|
| 夏克-哈特曼光学波前传感技术 | 动态范围较大<br>光谱范围较大<br>速度较高 | 分辨率较低<br>灵敏度较低<br>精度较低 |
| 棱锥光学波前传感技术 | 光谱范围较大<br>灵敏度较高<br>速度较高 | 动态范围较小<br>分辨率较低<br>精度较低 |
| 横向剪切干涉光学波前传感技术 | 动态范围较大<br>光谱范围较大<br>分辨率较高<br>精度较高 | 速度较低<br>灵敏度低 |
| 曲率光学波前传感技术 | 结构简单<br>实时性好<br>对低阶像差灵敏度高 | 对高阶像差精度较低 |
| 全息光学波前传感技术 | 速度高<br>灵敏度高<br>计算量小<br>光强闪烁不敏感 | 精度较低<br>分辨率较低<br>光谱范围较小 |
| 相位恢复光学波前传感技术 | 精度高<br>分辨率高<br>灵敏度较高<br>动态范围较大 | 速度低<br>光谱范围较小 |
| 相位差异光学波前传感技术 | 精度高<br>分辨率高<br>灵敏度较高<br>适于扩展目标 | 速度低<br>光谱范围较小<br>动态范围较小 |

## 1.4 常见光学波前传感技术的基本工作原理

波前整体倾斜传感器主要采用图像质心法来实现波前倾斜分量的探测。如图 1.8 所示，该方法利用倾斜造成的焦平面成像光斑的平移进行测量。当波前存在整体倾斜时，光斑图像将在像面上产生移动，且偏移量与倾斜量成正比，通过计算图像质心的位移即可复原待测波前的整体倾斜。

瞳面波前探测是指在只影响能量份额的光瞳面上进行波前探测。基于瞳面探测原理的光学波前传感技术主要包括夏克-哈特曼光学波前传感器、棱锥光学波前传感器、横向剪切干涉仪、全息光学波前传感器等。其中夏克-哈特曼光学波前传感器利用微透镜阵列替代光强型掩模板-哈特曼光阑，从而实现了对传统哈特曼技术的改进。它由微透镜阵列和光电传感器构成，通过待测光束子光斑的质心位置偏移量来计算局部波前斜率，进而实现波前探测，其原理如图 1.9 所示。

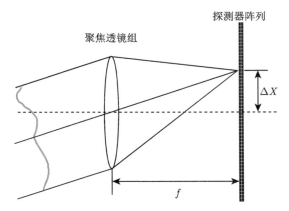

图 1.8　波前整体倾斜传感器原理

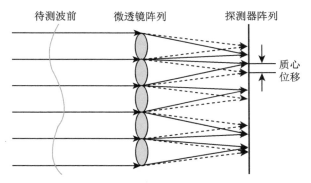

图 1.9　夏克-哈特曼光学波前传感器原理

棱锥光学波前传感器可以看作是夏克-哈特曼传感器的逆向过程，利用棱锥将焦面图像转换为多个光瞳面图像从而进行波前探测。与夏克-哈特曼传感器相比，棱锥光学波前传感器灵敏度高，更适用于弱光条件下的波前探测。其原理结构主要由棱锥以及光电传感器构成，通常采用的四棱锥光学波前传感器，如图 1.10 所示。

横向剪切干涉仪是将入射光束分裂为多个横向剪切光束，通过干涉测量实现波前探测。传统的横向剪切干涉仪通常采用两波干涉，而采用三波或四波干涉的多波横向剪切干涉仪，可以更有效地实现波前探测。多波横向剪切干涉仪主要由基于相位光栅的改进哈特曼模板和光电传感器构成，通过分析多波干涉模式进行波前探测。四波横向剪切干涉仪的改进哈特曼模板结构，如图 1.11 所示。

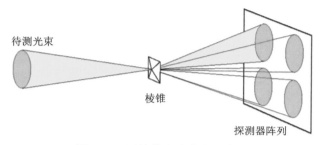

图 1.10 四棱锥光学波前传感器

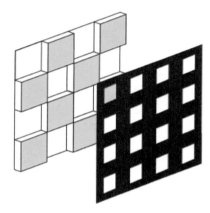

图 1.11 四波横向剪切干涉仪的改进哈特曼模板结构

曲率光学波前传感技术的基本原理如图 1.12 所示,通过测量焦点前后两离焦面上的强度分布信息来计算波前分布。其物理解释是聚焦透镜前后离焦面上光强的归一化差,在光瞳内部和波前曲率成正比,在光瞳边缘与波前沿光瞳边界上的法向斜率成正比。将边界信号作为 Neumann 边界条件,求解泊松方程就可获得波前畸变。

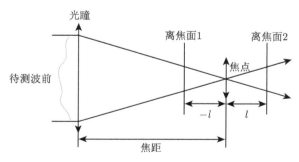

图 1.12 曲率光学波前传感技术的基本原理

全息光学波前传感器是利用相位全息图将待测光束分解为多个模式 (如 Zernike 模式) 以实现波前探测。全息光学波前传感器计算量很小，便于高速探测，但目前只适于单色光，因此主要应用于激光系统。全息光学波前传感器由计算全息模板以及光电传感器阵列构成，每个光电传感器分别探测独立的模式，然后进行波前复原，其原理如图 1.13 所示。

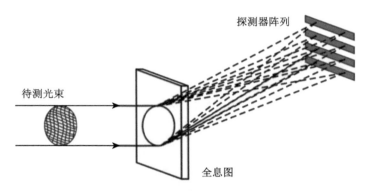

图 1.13　全息光学波前传感器原理

相位恢复和相位差异光学波前传感器，是焦面波前探测技术。它们在光学系统焦面位置对波前信息进行探测，采用区域法或模式法通过非线性优化实现波前复原，其重构的波前信息还可用于图像恢复。相位恢复法仅能对点目标进行波前探测，而相位差异法还适用于扩展目标的波前探测。相位恢复可以利用在焦图像进行波前探测，也可同时利用在焦和离焦图像进行波前探测，后者又称为相位差异提取，具有更高的精度以及更大的动态范围。相位差异通常利用在焦和离焦图像的差异进行波前探测，也可利用其他像差或其他特性的差异进行波前探测，后者可以称为广义相位差异。基于离焦差异的相位恢复和相位差异光学波前传感原理，如图 1.14 所示。

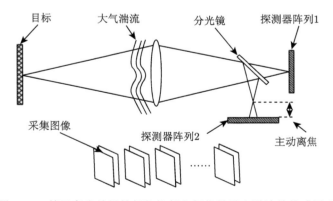

图 1.14　基于离焦差异的相位恢复和相位差异光学波前传感原理

# 参 考 文 献

[1]  王建立, 刘欣悦. 智能光学的概念及发展 [J]. 中国光学, 2013, 6(4): 437-448.

[2]  Huygens C. Treatise on Light[M]. London: University of Adelaide Library, 1912.

[3]  牛顿. 光学 [M]. 周岳明, 舒幼生, 译. 北京：北京大学出版社, 2014.

[4]  Klein M V, Furtak T E. Optics[M]. New York: John Wiley & Sons, 1986.

[5]  麦克斯韦. 电磁通论 [M]. 戈革, 译. 北京：北京大学出版社, 2010.

[6]  Einstein A. Zur elektrodynamik bewegterkörper[J]. Annalen der Physik, 1905, (17): 891-921.

[7]  Zernike F. Phase contrast, a new method for the microscopic observation of transparent objects part II[J]. Physica, 1942, 9(10): 974-980.

[8]  Babcock H W. The possibility of compensating astronomical seeing[J]. Publications of the Astronomical Society of the Pacific, 1953，65(386): 229-236.

[9]  岳丹. 基于相位差算法的拼接镜共相误差探测与图像复原的研究 [D]. 长春：中国科学院长春光学精密机械与物理研究所, 2016.

[10]  Rousset G, Fontanella J C, Kern P, et al. First diffraction-limited astronomical images with adaptive optics[J]. Astronomy & Astrophysics, 1990, 230: L29-L32.

[11]  Bouchez. The Keck Observatory Titan Monitoring Project[Z]. Keck Intro, 2005, 9(18): 1, 2.

[12]  Wonterghem B M V, Murray J R, Campbell J H, et al. Performance of a prototype for a large-aperture multipass Nd: Glass laser for inertial confinement fusion[J]. Applied Optics, 1997, 36(21): 4932-4953.

[13]  Wonterghem B V, Burkhart S C, Haynam C A, et al. National ignition facility commissioning and performance[C]. Conference on Optical Engineering at the Lawrence Livermore, 2004.

[14]  Martinez M D, Skulina K M, Deadrick F J, et al. Performance results of the high-gain Nd: Glass engineering prototype preamplifier module (PAM) for the National Ignition Facility (NIF)[C]. Optoelectronics 99-integrated Optoelectronic Devices, International Society for Optics and Photonics, 1999.

[15]  Wanjun D, Dongxia H, Wei Z, et al. Beam wavefront control of a thermal inertia laser for inertial confinement fusion application[J]. Applied Optics, 2009, 48(19): 3691-3694.

[16]  Yu H, Jing F, Wei X. Status of prototype of SG-III high-power solid-state laser[J]. Proc. SPIE, 2008, 7131: 7131121-7131126.

[17]  Xiaomin Z, Wanguo Z, Xiaofeng W, et al. The TIL commissioning and performance[J]. Journal of Physics Conference, 2008, 112(3): 032008.

[18]  杨彦荣, 戴云. 基于均方根误差和相关系数评价人眼像差对视网膜像质的影响 [J]. 光学学报, 2017, (3): 382-388.

[19]  Chen X, Yang Y, Wang C, et al. Aberration calibration in high-NA spherical surfaces measurement on point diffraction interferometry[J]. Applied Optics, 2015, 54(13): 3877-3885.

[20]  赵军磊. 人眼散射客观评价及其对视功能影响研究 [D]. 成都：中国科学院光电技术研究所，2017.

[21]  Roos J. The autonomous roots of the deal democracy movement[J]. Journal of the Optical Society of America A, 2018, 22(9): 1709-1716.

[22]  曾飞, 高世杰, 伞晓刚, 等. 机载激光通信系统发展现状与趋势 [J]. 中国光学, 2016, 9(1): 65-73.

[23]  Fidler F, Knapek M, Horwath J, et al. Optical communications for high-altitude platforms[J]. IEEE Journal of Selected Topics in Quantum Electronics, 2010, 16(5): 1058-1070.

[24]  Bray M. Orthogonal polynomials: A set for square areas[J]. Proceedings of SPIE-The International Society for Optical Engineering, 2004, 5252: 314-321.

[25]  Zernike V F. Beugungstheorie des schneidenver-fahrens und seiner verbesserten form, der phasenkontrastmethode[J]. Physica, 1934, 1(7-12): 689-704.

[26]  Noll R. Zernike polynomials and atmospheric turbulence[J]. Journal of the Optical Society of America A, 1976, 66(3): 207-211.

[27]  Lundström L, Unsbo P. Transformation of Zernike coefficients: Scaled, translated, and rotated wavefronts with circular and elliptical pupils[J]. Journal of the Optical Society of America A-Optics Image Science & Vision, 2007, 24(3): 569-577.

[28]  Dai F, Tang F, Wang X, et al. Modal wavefront reconstruction based on Zernike polynomials for lateral shearing interferometry: Comparisons of existing algorithms[J]. Applied Optics, 2012, 51(21): 5028.

[29]  First light imaging, Ocam2-WFS Product brief REV B [April 2014]: [EB/OL]. https://www.first-light.fr/products/ocam2-wfs-2. [2018-03-10].

[30]  Hamamatsu, Hamamatsu ORCA-Flash4.0 C11440 V2 spec sheet: [EB/OL]. https://bficores.colorado.edu/imaging-facility/test-folder/hamamatsu-orca-flash4-0-c11440-v2-spec-sheet/view. [2018-03-10].

# 第 2 章　波前整体倾斜传感技术

## 2.1　波前整体倾斜传感概述

　　波前整体倾斜也常被称为扭曲，是一种最基本的波前畸变 (像差) 模式。波前整体倾斜像差占大气湍流引起畸变的比例超过 87%[1,2]，因此在一般的光学系统中都会采用单独的整体倾斜校正器件对倾斜像差进行校正。典型的倾斜校正系统如图 2.1 所示，通常由倾斜传感器、倾斜校正器及倾斜控制器三部分组成，能够对波前整体倾斜进行及时、准确的传感测量，是有效抑制波前整体倾斜的前提 [3−6]。

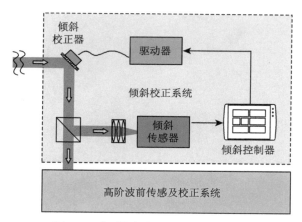

图 2.1　典型的倾斜校正系统组成框图

　　当采用区域分割的方法测量波前相位时，可以通过测量各子空间 (子孔径) 上的波前倾斜 (斜率) 来确定全孔径上的波前相位。由于全孔径的波前相位可通过 Zernike 多项式拟合，因此在通过上述方法测量波前相位的过程中自然确定了 Zernike 拟合的前两项——倾斜项，这种倾斜项被称为 Zernike 倾斜或 Z-倾斜。如果不使用子孔径的斜率信息拟合多项式，而是将这些斜率信息拟合出平均梯度值，这样就得到了整体梯度倾斜，也就是 G-倾斜。Z-倾斜可通过高阶波前传感器进行测量，而 G-倾斜一般通过专用低阶倾斜传感器进行测量，两种倾斜测量值之间可通过公式进行换算，本章主要介绍 G-倾斜的传感方法。

　　工程中，最常用的波前整体倾斜传感方法为基于焦平面图像质心测量的波前整体倾斜传感，常用的图像质心位置传感器包括 CCD/CMOS 等阵列图像传感器、四象限探测器以及光电阵列探测器等 [7-10]，其中应用最广泛的是以 CCD/CMOS 为代表的阵列式图像传感器件。

波前整体倾斜传感是光束指向修正、目标跟踪等技术的基础，在多个领域中应用广泛。1956 年 Babcock 便指出，通过补偿倾斜能够明显改善大型天文望远镜的成像质量 [11]。20 世纪 90 年代，Foy 开始针对激光导星技术的波前整体倾斜传感方法进行研究 [12]，2000 年，Esposito 等成功通过一台 2.2m 望远镜探测到了一颗由 3.5m 望远镜发射的人造激光引导星的波前倾斜信息 [13]。在空间激光通信领域，高精度的波前倾斜传感技术使激光通信链路的快速对准与稳定保持得以实现 [14]，2013 年 10 月 NASA 成功开展了月球激光通信演示实验 (Lunar Laser Communication Demonstration, LLCD)，依靠复合轴机构完成光束指向修正与跟踪，成功在地月之间建立了距离为 $4 \times 10^5$km 的激光通信链路 [15,16]，图 2.2 展示了该实验项目光学地面站终端倾斜传感及校正光路。

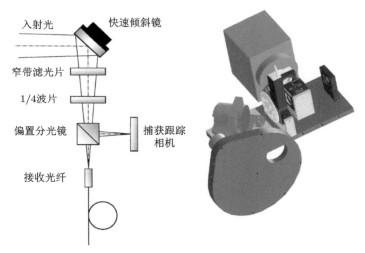

图 2.2　LLCD 项目光学地面站终端倾斜传感及校正光路示意图 [16]

我国在波前整体倾斜传感技术的原理及应用领域也进行了深入研究。中国科学院长春光学精密机械与物理研究所在 1.2m 望远镜自适应光学系统中，采用图像质心法进行波前整体倾斜传感，为压电式快速倾斜镜提供闭环反馈，成功实现了天文目标的高分辨率自适应光学成像。黄凯等正对激光引导星自适应光学系统中的上行激光到达角起伏测量方法进行研究，通过统计平均算法在不依赖自然星和辅助望远镜的情况下实现了上行激光的波前倾斜测量 [17]。刘忠等对大气湍流影响下的斑点图成像的重心与波前整体倾斜之间的关系进行了研究 [18]。金占雷对基于 CCD 的光斑质心算法误差进行了分析 [19]。

## 2.2 波前整体倾斜传感技术工作原理

### 2.2.1 图像质心法的工作原理

波前整体倾斜的传感探测，一般通过测量光束在焦面上的成像光斑相对于中心位置的位移来确定，这种倾斜传感方法被称为图像质心法，该方法利用了波前倾斜会使光束成像在焦平面上产生平移这一特性，对波前倾斜量进行测量[20]，波前倾斜将使会聚的图像在像面上移动，且移动量正比于倾斜的大小[21]，而且即使在有大气湍流干扰的情况下，依然能够准确地测量波前整体倾斜[18]。

图 2.3 展示了图像质心法测量一维倾斜的原理，倾斜传感器由一组成像透镜和一个质心传感器组成，假设其中通光孔径为 $d$，焦距为 $f$，光束的传播方向与测量系统的光轴之间夹角为 $\theta$，则整个波前的平均梯度的等效角也是 $\theta$，即 G-倾斜。$\theta$ 的角度可通过质心传感器测量焦面上的光斑质心平移量 $\Delta X$ 来确定，通过几何关系推导可得式 (2-1)，且在小角度情况下可近似为 $\Delta X / f$。对于 Z-倾斜，可通过 $d \sin \theta$ 计算出倾斜像差的峰谷 (peak to valley, PV) 值，然后再计算 Zernike 项的系数。

$$\theta = \arctan \frac{\Delta X}{f} \tag{2-1}$$

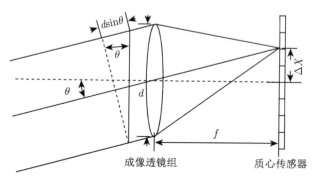

图 2.3 图像质心法测量一维倾斜的原理示意图

上述图像质心测量方法中，只考虑了倾斜像差，实际上只有倾斜像差会使图像 (焦面光斑) 质心产生平移，其他高阶畸变只会改变成像的光强图，并不会带来质心平移，这一过程可通过玻恩与沃尔夫关于光场传播的描述来证明[21,22]。

对于相干光束，其焦面上某一近轴点的光强分布可表示为

$$I = \left(\frac{Aa}{\lambda R^2}\right)^2 \left| \int_0^1 \int_0^{2\pi} \exp\left[ i\left( k\Phi - \frac{ka}{R}r\rho\cos(\theta - \psi) - \frac{1}{2}k\zeta\left(\frac{a}{R}\right)^2 \rho^2 \right) \right] \rho\mathrm{d}\rho\mathrm{d}\theta \right|^2 \tag{2-2}$$

式中，$a$ 为光瞳半径；$\lambda$ 为波长；$R$ 为瞳面中心到 $P$ 点的斜距；$\Phi$ 为瞳面像差；$k$ 为波数；$(\rho, \theta)$ 为光瞳面极坐标；$\zeta$ 为垂直于瞳面的坐标；$(r, \psi)$ 为焦面极坐标。

上述公式中的坐标系示意图如图 2.4 所示。现假设瞳面像差 $\Phi$ 由单轴倾斜 $K\rho\sin\theta$ 和高阶畸变 $\Phi'$ 构成，代入式 (2-2) 中，指数部分变为

$$i\left[k\Phi' + kK\rho\sin\theta - \frac{ka}{R}r\rho\sin\psi\sin\theta - \frac{ka}{R}r\rho\cos\theta\cos\psi - \frac{1}{2}k\zeta\left(\frac{a}{R}\right)^2\rho^2\right] \quad (2\text{-}3)$$

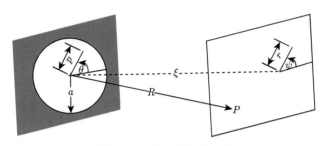

图 2.4　光束衍射计算坐标

作如式 (2-4) 坐标变换后指数项形式如式 (2-5) 所示。

$$\begin{aligned} r'\sin\psi' &= r\sin\psi - (R/a)K \\ r'\cos\psi' &= r\cos\psi \\ \zeta' &= \zeta \end{aligned} \quad (2\text{-}4)$$

$$i\left[k\Phi' - \frac{ka}{R}r'\rho\cos(\theta - \psi') - \frac{1}{2}k\zeta'\left(\frac{a}{R}\right)^2\rho^2\right] \quad (2\text{-}5)$$

对比式 (2-2) 与式 (2-5) 可发现，带有倾斜像差的图像强度分布与含有相同高阶畸变 $(\Phi' = \Phi)$ 情况下的光强分布相同，成像焦距也没有变化 $(\zeta' = \zeta)$，只是图像在像面内产生了 $(R/a)K$ 的平移。

以上可以证明：高阶畸变决定了像面内的光强分布形状但不能改变图像的位置，只有倾斜像差可以使图像产生位置平移。因此，使用图像质心法测量大气湍流的波前整体倾斜像差是完全可行的，该方法的倾斜测量结果不会受到高阶畸变的干扰，波前整体倾斜改变像点的位置，其他高阶畸变只改变图像的形状与局部明暗程度。不过应当注意，上述说法成立的前提是图像传感器始终工作在非饱和状态下。

### 2.2.2　图像质心法的误差分析

基于 2.2.1 节对基于焦平面图像质心探测的波前整体倾斜传感方法的分析可知，该方法将对波前整体倾斜的测量转化成了对焦平面上光斑 (图像) 质心的测

量，因此焦平面光斑质心的测量精度直接决定了波前整体倾斜的传感精度。实际工程中常用的质心测量方法是采用 CCD/CMOS 等阵列图像传感器在焦面处成像，并通过算法计算图像质心，从而实现对光斑位置的提取。采用该方法进行质心测量的主要误差包括 [19,23]。

(1) 测量原理误差。

测量原理误差主要是由阵列图像传感器的像素阵列对图像的离散化采样所导致的一种测量误差，研究表明当探测器上光斑的等效高斯宽度大于探测器像元尺寸的 1/2 时，由像素离散化采样造成的测量原理误差对质心探测的影响可以忽略。

(2) 读出噪声误差。

读出噪声误差包括阵列式图像传感器的前置放大器和模数转换器件引起的电信号随机噪声，这是一种近似高斯分布的随机噪声。

(3) 光子噪声误差。

光子噪声是由到达阵列图像传感器的光子到达率变化而引起的一种随机噪声，符合泊松分布，且只有当光信号比较弱时才会对质心测量结果产生影响。

(4) 背景暗电平噪声误差。

背景暗电平噪声误差是由阵列式图像传感器偏置电平噪声引起的一种误差，可以认为是一种直流偏置噪声信号，一般可通过标定并结合质心计算算法优化去除。

(5) 非均匀响应误差。

非均匀响应误差是由阵列式图像传感器每个像素间的响应性不同而引入的一种固定形态噪声，可以通过标定进行补偿。

(6) 杂光干扰误差。

杂光干扰误差是光学系统、背景中的杂散光随机在阵列式图像传感器上成像而影响质心计算的一种误差，一般可通过优化质心算法去除。

如图 2.5 所示，波前整体倾斜传感过程中质心测量面临多种噪声引起的误差，

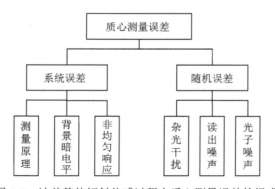

图 2.5 波前整体倾斜传感过程中质心测量误差的组成

这些误差主要可以分为系统误差和随机误差两类。在实际工程应用中，这些噪声的影响是叠加在一起的，通常很难将不同种类的噪声剥离出来进行分析与抑制，通常人们会通过对质心计算算法优化以及提高光信号信噪比的方法来减小质心计算误差，从而提高整体倾斜的探测精度。

## 2.3 波前整体倾斜传感技术主要性能指标分析与关键技术

### 2.3.1 信噪比对整体倾斜的影响分析

倾斜传感器探测到的光信号强弱也会对波前整体倾斜的传感测量产生影响。倾斜传感器所探测的光信号强弱通常使用图像传感器输出信号中有效信号与噪声的比值来表述，即信噪比 (signal to noise ratio，SNR)。对于阵列图像传感器，其输出信号的 SNR 可表示为 [24]

$$SNR = \frac{N}{\left[N + n_{\text{pix}}\left(\sigma_{\text{n}}^2 + \sigma_{\text{bg}}^2\right)\right]^{1/2}} \tag{2-6}$$

式中，$N$ 为信号电子数；$n_{\text{pix}}$ 为像素数；$\sigma_{\text{n}}$ 为噪声电子数；$\sigma_{\text{bg}}$ 为背景电子数。

由 SNR 导致的倾斜传感角误差 $a_{\text{es}}$ 可表示为 [22,25]

$$a_{\text{es}} = \frac{\pi\left[\left(\frac{3}{16}\right)^2 + \left(\frac{bD_{\text{TS}}}{8R\lambda}\right)^2\right]^{1/2}\frac{\lambda}{D_{\text{TS}}}}{SNR} \tag{2-7}$$

式中，$b$ 为光源直径；$D_{\text{TS}}$ 为倾斜传感器通光孔径；$R$ 为物距；$\lambda$ 为光波长。

对于自然星或无穷远目标，式 (2-7) 近似为

$$a_{\text{es}} = 0.6\frac{\lambda/D_{\text{TS}}}{SNR} \tag{2-8}$$

假设光源目标为无穷远目标，观测波长为 550nm，则传感器 SNR 与倾斜传感角误差的关系，如图 2.6 所示。通过图中曲线可以看出，相同 SNR 下不同的倾斜传感器口径 ($D_{\text{TS}}$) 会导致倾斜传感误差的不同，当 SNR 小于 3 时倾斜传感角误差较大；当 SNR 优于 30 时，角误差小于 1μrad。

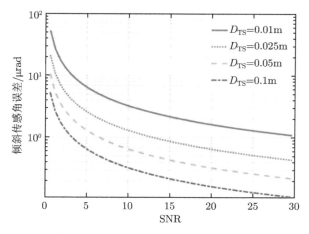

图 2.6　SNR 与倾斜传感角误差的关系

## 2.3.2　动态范围与探测精度分析

对于地基天文望远镜，当光束从太空穿越整个大气后到达入瞳时，倾斜传感器可能探测的单轴全口径波前整体倾斜的标准差可通过以下公式进行估计 [25]：

$$\alpha_{\text{one-axis}}^2 = 0.182 \left(\frac{D}{r_0}\right)^{5/3} \left(\frac{\lambda}{D}\right)^2 \tag{2-9}$$

式中，$\alpha_{\text{one-axis}}$ 为单轴倾斜标准差；$D$ 为望远镜主镜的孔径；$r_0$ 为大气相干长度；$\lambda$ 为光波长。

在一般的倾斜传感/校正系统中，倾斜传感器在单一轴向上需要探测的最大倾斜像差约为湍流引起的倾斜像差标准差的 2.5 倍，因此倾斜传感器的动态范围 $\alpha_{\text{TSstroke}}$ 应满足：

$$\alpha_{\text{TSstroke}} \geqslant \pm 2.5 \alpha_{\text{tilt}} \tag{2-10}$$

一般望远镜系统主孔径接收的光束需要被压缩后才能进入倾斜传感系统，而光束的缩束会导致波前整体倾斜的放大。考虑到缩束比 $M$ 后，倾斜传感器的最小动态范围为

$$\alpha_{\text{TSstroke}} = \pm 2.5 \alpha_{\text{tilt}} M$$

$$= \pm 1.1 \left(\frac{D}{r_0}\right)^{5/6} \cdot \frac{\lambda}{D} M \tag{2-11}$$

根据式 (2-11)，令观测波长 $\lambda$=550nm，倾斜传感器的通光孔径为 20mm，不同主孔径下倾斜传感行程随大气相干长度变化关系，如图 2.7 所示。

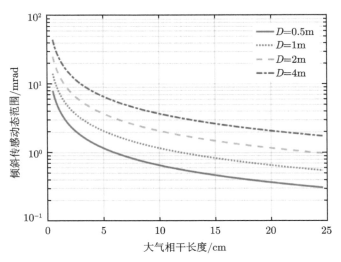

图 2.7   不同主孔径下倾斜传感动态范围行程随大气相干长度变化关系

对于倾斜跟踪系统，一般要求跟踪精度为衍射极限角的 1/10，而对于倾斜传感器来说，则需要其至少能分辨小于跟踪精度一半的倾斜抖动，因此工程中一般要求倾斜传感器的分辨率 $\alpha_{\mathrm{TSaccuracy}}$ 能够符合式 (2-12) 的最小分辨率需求

$$\alpha_{\mathrm{TSaccuracy}} \leqslant 0.05\frac{\lambda}{D}M_{\mathrm{FSM}} \tag{2-12}$$

### 2.3.3   整体倾斜质心算法的优化方法

质心算法对于波前整体倾斜传感至关重要，除传统质心算法外，常用的处理方法还包括阈值质心算法、加权质心算法等方法 [26−28]，合理地设置图像灰度值的阈值及权重，能有效减少背景暗电流、杂散光干扰等对质心计算的影响。

#### 1. 传统质心算法

图像的质心即为图像的灰度重心。假设阵列图像传感器的两个维度分别为 $x$ 和 $y$，每个维度上的像素数量分别为 $m$ 和 $n$，$g(x_i, y_i)$ 为像素点 $(x_i, y_i)$ 处的灰度值，则可通过式 (2-13) 计算图像质心的位置坐标 $(x_c, y_c)$

$$x_c = \frac{\displaystyle\sum_{y_i=1}^{n}\sum_{x_i=1}^{m} g(x_i, y_i) \times x_i}{\displaystyle\sum_{y_i=1}^{n}\sum_{x_i=1}^{m} g(x_i, y_i)}$$

$$y_c = \frac{\sum_{y_i=1}^{n} \sum_{x_i=1}^{m} g(x_i, y_i) \times y_i}{\sum_{y_i=1}^{n} \sum_{x_i=1}^{m} g(x_i, y_i)} \tag{2-13}$$

传统质心算法由于没有去噪、滤波等处理，因此易受到背景噪声或杂散光噪声等干扰，从而影响质心提取的精度，不过对于噪声较低的高信噪比传感器件或是背景噪声水平一致等情况，该方法仍然能够保证较高的提取精度。

2. 加权质心算法

加权质心算法是在传统质心算法的基础上，通过对图像不同位置的灰度值进行加权处理，从而抑制噪声突出目标的一种改进算法，该算法的质心计算公式为 (2-14)，其中 $w(x_i, y_i)$ 为权函数，代表了不同位置图像灰度值的权重。

$$x_c = \frac{\sum_{y_i=1}^{n} \sum_{x_i=1}^{m} g(x_i, y_i) \times x_i \times w(x_i, y_i)}{\sum_{y_i=1}^{n} \sum_{x_i=1}^{m} g(x_i, y_i)}$$

$$y_c = \frac{\sum_{y_i=1}^{n} \sum_{x_i=1}^{m} g(x_i, y_i) \times y_i \times w(x_i, y_i)}{\sum_{y_i=1}^{n} \sum_{x_i=1}^{m} g(x_i, y_i)} \tag{2-14}$$

常用的权函数包括灰度指数加权、高斯加权等。灰度指数加权法的权函数如式 (2-15) 所示，其本质是提高灰度值较高处图像的权重，减小弱信号噪声的影响，这种算法对与高斯光斑或图像边界明显的光斑有较好的滤波作用

$$w(x_i, y_i) = g(x_i, y_i)^a \tag{2-15}$$

高斯加权算法的权函数为如式 (2-16) 所示，其本质是在以 $(x_w, y_w)$ 处为中心点的区域对光斑施加一个束腰宽度为 $\sigma_w$ 的二维高斯窗口。高斯加权算法对于近似理想高斯分布的光斑有较好的滤波作用，不过该方法对加权中心位置 $(x_w, y_w)$ 的依赖度较高，当 $(x_w, y_w)$ 与光斑中心偏离较大时，易产生较大的计算误差

$$W(x_i, y_i) = \frac{1}{2\pi\sigma_w^2} \exp\left[-\frac{(x_i - x_w)^2 + (y_i - y_w)^2}{2\sigma_w^2}\right] \tag{2-16}$$

**3. 阈值质心算法**

阈值质心算法是先对图像中每个像素的灰度值进行阈值判别，再使用传统质心法进行计算，这样可以去除一些由传感器暗电流、背景杂散光等引起的小信号白噪声，从而减小质心计算的误差，提高倾斜传感的精度。阈值质心算法本质上是一种特殊的加权质心算法，其权函数为式 (2-17) 所示的二值化函数，其中 $I_{\mathrm{th}}$ 为阈值

$$W(x_i, y_i) = \begin{cases} 1, & g(x_i, y_i) \geqslant I_{\mathrm{th}} \\ 0, & g(x_i, y_i) < I_{\mathrm{th}} \end{cases} \tag{2-17}$$

阈值质心算法的关键在于对阈值 $I_{\mathrm{th}}$ 的选取，过小的阈值对噪声的滤除效果不佳，而过大的噪声则会削弱信号成分。常用的阈值选取方法有固定阈值、经验阈值和自适应阈值等。

**4. 距离质心法**

距离质心法是一种以像素到光斑中心的距离为加权函数的质心算法，其权函数如式 (2-18) 所示

$$W(x_i, y_i) = \frac{1}{\sqrt{(x_i - x_w)^2 + (y_j - y_w)^2}} \tag{2-18}$$

该算法弱化了距离光斑中心 $(x_w, y_w)$ 较远处的噪声影响，且对于非高斯分布的特殊光斑依然具有较高的计算精度。不过与高斯加权算法类似，该算法对于光斑的中心位置准确度依赖较高，需要准确地知道光斑中心坐标才能实现高精度的质心位置探测。

## 2.4　图像质心法-波前整体倾斜传感技术应用实例

本节将通过实验实例展示本章中关于基于图像质心法的波前整体倾斜传感技术的实际应用效果。

### 2.4.1　实验系统介绍

用于验证波前整体倾斜传感的实验系统，如图 2.8 所示。实验系统使用波长为 638nm 的激光光源，采用光纤形式出光，系统中包含一个伪随机旋转相位屏，可用来产生波前畸变，模拟大气湍流对光束的扰动。

图 2.8　实验系统实物图照片

　　图 2.9 为该实验系统的光路示意图。光纤发出的光束经准直镜组 $L_1$ 准直后透过湍流相位屏，然后由透镜 $L_2$ 和 $L_3$ 组成的扩束镜组扩束后，经多次反射后通过透镜 $L_4$，透镜 $L_4$ 分别与透镜 $L_5$ 和 $L_6$ 组成 2 个缩束镜组。$L_4$-$L_6$ 镜组将光束缩束为直径为 2mm 的平行光束，为哈特曼光学波前传感器测量光束的波前信息提供光信号；$L_4$-$L_5$ 镜组将光束缩束为直径 10mm 的平行光束，为后续的光斑成像及耦合支路提供光信号。透镜 $L_5$ 准直后的光束首先经过快速倾斜镜 $FSM_1$，然后光束由分光镜 $BS_2$ 分为 2 束，一束光通过成像镜组 $L_7$ 后到达成像相机，相机与 $L_7$ 组成了该系统中的倾斜传感器。

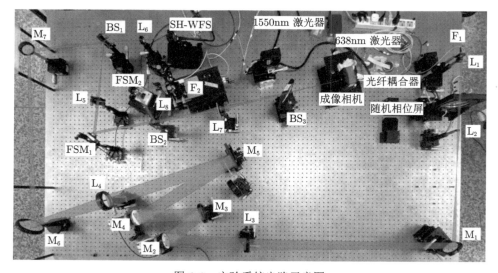

图 2.9　实验系统光路示意图

图 2.10 为部分关键实验器件的照片,表 2.1 中列出了关键实验器件的典型参数。

(a) 湍流屏　　　　　　　　(b) 成像相机　　　　　(c) 哈特曼光学波前传感器

图 2.10　部分关键实验器件实物图

表 2.1　关键实验器件的典型参数表

| 代号 | 名称 | 典型参数 |
|---|---|---|
| 638nm<br>laser | 638nm<br>激光器 | 中心波长:638nm<br>线宽:5nm<br>输出功率:40mW<br>功率稳定度:< 1% |
| phase plate | 湍流屏 | 波长范围:400~1600nm<br>相位阵列:4096×4096<br>相位梯度:约 20μm<br>折射率变化范围:0.01~0.05 |
| FSM$_1$ | 快速倾斜镜 | 驱动方式:压电陶瓷驱动<br>镜面直径:25mm<br>机械行程:±1mrad<br>分辨率:0.05μrad<br>重复定位精度:0.06μrad |
| camera | 高速相机 | 全画幅:1696×1710<br>像元尺寸:8μm<br>颜色深度:8bit<br>动态范围:80dB |
| L$_7$ | 成像透镜组 | 焦距:470mm<br>有效口径:50mm |
| SH-WFS | 哈特曼<br>光学波前传感器 | 通光孔径:7.20×5.40mm<br>阵列透镜数:23×17<br>波前灵敏度:λ/200 RMS<br>波前精度:λ/60 RMS @633nm |

### 2.4.2　系统标校

在完成实验光路调试后,我们使用相机和哈特曼光学波前传感器在 638nm 激光光源的条件下,对实验光路的整体光束质量及光束指向稳定度进行了标校测试。

图 2.11 为标校测量结果，包括光束的像点成像情况及光强分布情况、哈特曼光学波前传感器的光点阵列图像以及拟合波前相位。通过测试结果可以看出，在实验系统初始条件下，光斑成像质量较好，光斑中心能量聚集度较高，近似为爱里斑；系统光束的波前相位的均方根值为 0.1223λ(λ=638nm)，这些像差主要来自实验系统中各镜组、镜片自身所包含的像差，以及光学系统装调的残差。

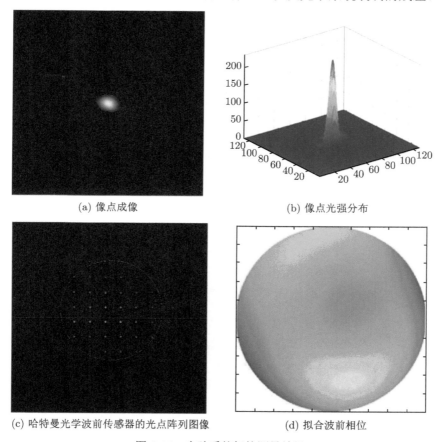

(a) 像点成像

(b) 像点光强分布

(c) 哈特曼光学波前传感器的光点阵列图像

(d) 拟合波前相位

图 2.11  实验系统标校测量结果

图 2.12 展示了静态条件下，采用基于光斑图像质心测量的波前整体倾斜传感法的静态系统噪声情况，其中包括传感器噪声等引起的光斑位置解算误差，以及环境振动等引起的光束实际抖动误差。系统噪声的噪声等效角度峰峰值为 40.33μrad，均方根值为 6.5μrad。

## 2.4.3  高阶畸变对倾斜传感的影响

为验证 2.2.1 节关于高阶畸变对波前整体倾斜传感影响的分析结果，我们进行了高阶畸变影响下的波前整体倾斜传感实验。

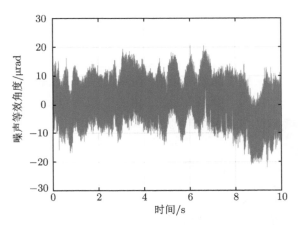

图 2.12    波前整体倾斜传感法的静态系统噪声测量结果

实验中，通过将湍流屏旋转至不同的位置来产生不同的静态像差，控制 FSM 正弦摆动产生动态整体倾斜像差。为检验高阶畸变对波前整体倾斜传感精度的影响情况，我们分别在无高阶畸变和 4 组包含不同高阶波前畸变的条件下进行了倾斜传感实验，且实验中分别在相机不饱和曝光及过度曝光的情况下进行了倾斜传感。图 2.13 展示了 4 组不同波前相位条件下的光斑成像及波前相位拟合图。

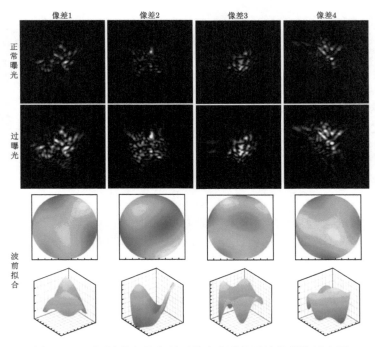

图 2.13    不同波前相位条件下的光斑成像及波前相位拟合图

　　实验中，由 FSM1 模拟产生幅值约为 400μrad 的正弦倾斜抖动，倾斜传感器在无高阶畸变、有高阶畸变不饱和曝光以及有高阶畸变过度曝光的情况下分别对波前整体倾斜情况进行 3 次测量。图 2.14(a)~(d) 中分别展示了不同像差下 4 组 G-倾斜传感测量实验结果。每幅图中，上图展示了无畸变、有高阶畸变正常曝光及有高阶畸变过度曝光的 G-倾斜测量值，下图则展示了正常曝光和过度曝光条件下测量值相对于无高阶畸变测量值的误差情况。

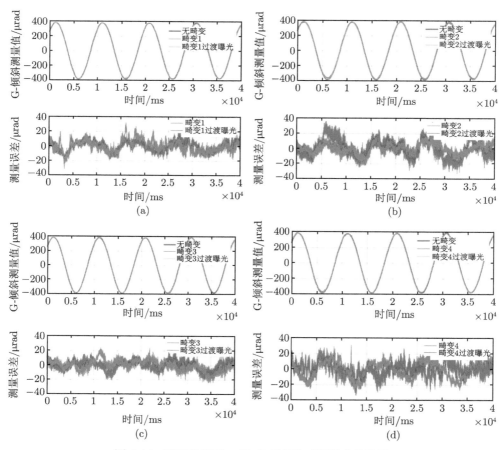

图 2.14　不同像差下 4 组 G-倾斜传感测量实验结果

　　通过以上实验结果可以看出：与无畸变情况相比，在有高阶畸变的情况下，波前整体倾斜传感的测量误差不超过波前整体倾斜幅值的 1.5％；高阶畸变的引入并没有影响基于光斑图像质心测量的波前整体倾斜传感方法的有效性，在不同的波前畸变条件下，该方法仍然能够有效测量波前整体倾斜。

### 2.4.4  闭环校正实验

在验证了高阶畸变对波前整体倾斜传感的影响情况后，我们利用倾斜传感器的测量信息进行闭环校正实验，以进一步验证倾斜传感器对波前整体倾斜测量的有效性与可用性。

我们将倾斜传感器探测的波前整体倾斜信息提供给倾斜校正控制器，作为闭环反馈信息，然后由控制器控制 Power Integrations 公司的 S-330 型压电陶瓷快速倾斜镜 ($FSM_1$) 对探测到的倾斜扰动进行闭环校正。倾斜校正控制器为中国科学院长春光学精密机械与物理研究所自主研制，具备多通道模拟/数字输入输出接口，模拟信号输出噪声峰峰值小于 1mV，差分数字通信接口通信速率最高可达 4Mbps，可用于多种快速倾斜镜的精密定位与高速目标跟踪控制。图 2.15 展示了倾斜校正控制器的前后面板，图 2.16 为 S-330 型压电陶瓷快速倾斜镜的实物照片。

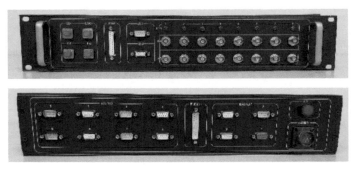

图 2.15　中国科学院长春光学精密机械与物理研究所自主研制的
多通道模拟倾斜校正控制器的前后面板

图 2.16　PI 公司生产的 S-330 型压电陶瓷快速倾斜镜

　　我们使湍流屏连续转动，以产生模拟实际大气湍流的波前整体倾斜抖动，图 2.17 展示了在控制器开环不校正状态下，倾斜传感器对湍流屏模拟的波前整体倾斜抖动测量情况，传感器的探测频率为 4000Hz。对图 2.17 中的数据分析结果：$X$ 轴倾斜抖动的峰峰值为 2.58mrad，标准差为 374μrad；$Y$ 轴倾斜抖动的峰峰值为 2.48mrad，标准差为 447μrad。

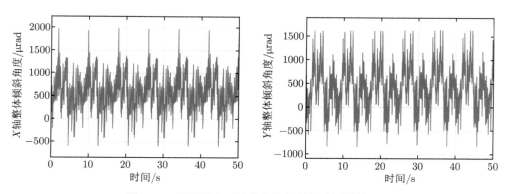

图 2.17　开环状态下波前整体倾斜抖动测量情况

　　随后使控制器进行闭环校正，校正后的波前整体倾斜抖动情况，如图 2.18 所示。对图 2.18 中的数据分析结果：$X$ 轴倾斜抖动的峰峰值为 715μrad，标准差为 15.7μrad；$Y$ 轴倾斜抖动的峰峰值为 569μrad，标准差为 17.8μrad。

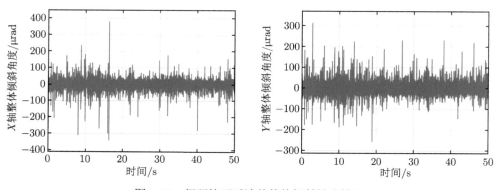

图 2.18　闭环校正后波前整体倾斜抖动情况

　　通过图 2.17 和图 2.18 的中的数据可以看出，在倾斜校正控制器闭环状态下，倾斜传感器测量到的光束角度抖动明显小于开环状态。与开环状态相比，闭环状态下光束抖动的峰峰值减小了 4 倍以上，光束抖动的标准差减小了 25 倍。图 2.19 展示了不同状态下的倾斜角度偏差分布，其中蓝色数据点为开环状态下的角度偏差分布，红色数据点为闭环状态下的角度偏差分布。

通过图 2.19 可以明显看出闭环校正对大气湍流引起的波前整体倾斜抖动的抑制效果。

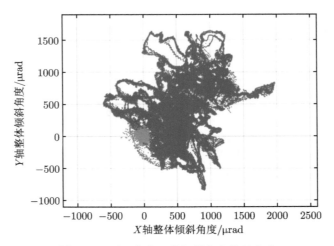

图 2.19　不同状态下的倾斜角度偏差分布

閉环校正实验的实验结果，验证了图像质心法对模拟大气湍流波前畸变中波前整体倾斜像差的探测能力，说明基于图像质心测量的波前整体倾斜传感法，可以有效探测光束由大气湍流波前畸变引起的光束抖动，该方法可以为大气湍流引起的光束倾斜抖动抑制系统提供有效的波前整体倾斜传感探测。

## 参 考 文 献

[1] Noll R J. Zernike polynomials and atmospheric-turbulence [J]. Journal of the Optical Society of America, 1976, 66(3): 207-211.

[2] Sasiela R J. Electromagnetic Wave Propagation in Turbulence_ Evaluation and Application of Mellin Transforms [M]. 2nd ed. Bellingham: SPIE Publications, 2007.

[3] Guesalaga A, Neichel B, O'neal J, et al. Mitigation of vibrations in adaptive optics by minimization of closed-loop residuals [J]. Optics Express, 2013, 21(9): 10676-10696.

[4] Belenkii M S, Karis S J, Brown J M, et al. Experimental validation of a technique to measure tilt from a laser guide star [J]. Optics Letters, 1999, 24(10): 637-639.

[5] Wang Y K, Li D Y, Wang R, et al. High-bandwidth fine tracking system for optical communication with double closed-loop control method [J]. Optical Engineering, 2019, 58(2): 7.

[6] Liu W, Yao K N, Huang D N, et al. Performance evaluation of coherent free space optical communications with a double-stage fast-steering-mirror adaptive optics system depending on the Greenwood frequency [J]. Optics Express, 2016, 24(12): 13288-13302.

[7] Cagigal M P, Portilla M G, Prieto P M. Error reduction in centroid estimates using nonlinear image detectors [J]. Optical Engineering, 1996, 35(10): 2894-2897.

[8] Wu J, Chen Y, Gao S, et al. Improved measurement accuracy of spot position on an InGaAs quadrant detector [J]. Applied Optics, 2015, 54(27): 8049-8054.

[9] Dong Q, Liu Y, Zhang Y, et al. Improved ADRC with ILC control of a CCD-based tracking loop for fast steering mirror system [J]. IEEE Photonics Journal, 2018, 10 (4): 1-14.

[10] Zhang Y, Jiang J, Zhang G, et al. Accurate and robust synchronous extraction algorithm for star centroid and nearby celestial body edge [J]. IEEE Access, 2019, 7: 126742-126752.

[11] Babcock H W, Rule B H, Fassero J S. An improved automatic guider[J]. Publ. Astron. Soc. Pac., 1956, 68: 256.

[12] Foy R, Misus A, Biraben F, et al. The polychromatic artificial sodium star: A new concept for correcting the atmospheric tilt [J]. Astronomy & Astrophysics Supplement Series, 1995, 111(3): 569-578.

[13] Esposito S, Ragazzoni R, Riccardi A, et al. Absolute tilt from a laser guide star: A first experiment [J]. Experimental Astronomy, 2000, 10(1): 135-145.

[14] Cornwell D M. NASA's Optical Communications Program for 2017 and Beyond; proceedings of the 2017 IEEE International Conference on Space Optical Systems and Applications[C]. Okinawa: IEEE, 2017: 10-14.

[15] Khatri F I, Robinson B S, Semprucci M D, et al. Lunar laser communication demonstration operations architecture [J]. Acta Astronautica, 2015: 11177-11183.

[16] Sodnik Z, Smit H, Sans M, et al. Free Space Optical Communication [M]. India: Springer Nature, 2017.

[17] 黄凯, 曹进, 肖啸, 等. 一种激光导引星自适应光学系统中激光上行到达角起伏测量方法的研究 [J]. 天文研究与技术, 2019, 16(4): 431-436.

[18] 刘忠, 戴懿纯, 金振宇, 等. 斑点图的重心与波前倾斜 [J]. 天文研究与技术, 2009, 6(2): 118-123.

[19] 金占雷. CCD 光斑质心算法的误差分析 [J]. 航天返回与遥感, 2011, 32(1): 38-44.

[20] Elbaum M, Greenbaum M. Annular apertures for angular tracking[J]. Applied Optics, 1977, 16(9): 2438-2440.

[21] Born M, Wolf E. Principles of Optics: Electromagnetic Theory of Propagation, Interference and Diffraction of Light [M]. 6th ed. Oxford: Pergamon Press, 1980.

[22] Tyson R K. Principles of Adaptive Optics [M]. 2nd ed. New York: CRC Press, 1992.

[23] 姜文汉, 鲜浩, 沈锋. 夏克-哈特曼波前传感器的探测误差 [J]. 量子电子学报, 1998, 15(2): 218-227.

[24] John W H. Instrumental limitations in adaptive optics for astronomy[J]. Proceedings of the Active Telescope Systems SPIE, 1989, 1114: 2-13.

[25] COME-ON: An adaptive optics prototype dedicated to infrared astronomy; Proceedings of the Active Telescope Systems 1989 [C]. United States: SPIE, 1989: 54-64.

[26] Baker K L, Moallem M M. Iteratively weighted centroiding for Shack-Hartmann wavefront sensors [J]. Optics Express, 2007, 15(8): 5147-5159.

[27]　Lardiere O, Conan R, Clare R, et al. Performance comparison of centroiding algorithms for laser guide star wavefront sensing with extremely large telescopes [J]. Applied Optics, 2010, 49(31): G78-G94.

[28]　Delabie T, De S J, Vandenbussche B. An accurate and efficient gaussian fit centroiding algorithm for star trackers [J]. J. Astronaut. Sci., 2014, 61(1): 60-84.

# 第 3 章　夏克-哈特曼光学波前传感技术

## 3.1　夏克-哈特曼光学波前传感技术概述

　　1904 年, 德国科学家哈特曼首次提出一种名为哈特曼光阑的物镜面型检测装置 [1]。如图 3.1 所示, 其原理是将带有针孔阵列的光阑 (即哈特曼光阑) 放在被检测物镜前, 经过光阑后的检测光束被分割成若干细光束, 当镜面存在面型畸变时, 对应位置的细光束在镜头焦面前后的中心坐标将会发生偏移, 通过计算偏移量, 即可确定物镜面型是否存在畸变并定位畸变位置。

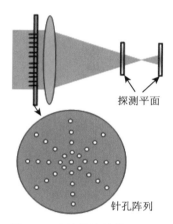

探测平面

针孔阵列

图 3.1　哈特曼波前检测原理

　　1971 年, 为了将哈特曼光阑引入望远镜光学系统中, 用以探测入射光的波前畸变, Roland Shack[2,3] 对其进行了改进, 将之前的小孔光阑用透镜代替, 使光束最终聚焦在探测屏上, 以提高焦平面上光斑阵列的能量集中度, 随着小孔与透镜排布方式的不断改良, 哈特曼光阑最终被微透镜阵列替代。这一改进不仅提高了焦平面子光斑的质心计算精度, 同时极大地提高了能量利用率。这种改进型的哈特曼光学波前传感器受到了天文观测领域的关注, 并于 20 世纪 80 年代在望远镜系统上进行了首次实验 [4]。随后在光学加工技术、阵列探测器技术发展的带动下, 夏克-哈特曼传感器的探测性能逐渐提高, 并在大口径地基望远镜自适应光学、主动光学系统的波前探测 [5-11], 以及各波段光学系统检验 (尤其在短波、中长波范围使用)[12,13]、超强激光脉冲波前整形 [14,15] 和人眼像差测量 [16-18] 等诸多领域均得到了成功应用。

　　常见的夏克-哈特曼传感器主要由微透镜阵列、CCD 或 CMOS 相机、标定光源及辅助光机组件等组成，如图 3.2 所示。微透镜形状包括圆形、正方形、正六边形、菱形等。微透镜的子孔径采样数目、尺寸、焦距、形状等参数一般需要根据具体应用的要求进行定制，通过设置参考点位置，可以消除光机加工装调误差，获得较高的相对测量精度。

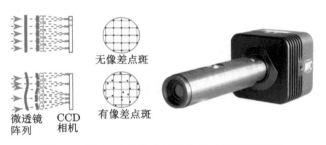

图 3.2　夏克-哈特曼光学波前传感器及其原理

　　夏克-哈特曼传感器具有结构紧凑、光能利用率高、动态范围大、波段范围宽等优点。但受到微透镜采样数目的限制，与干涉仪相比，夏克-哈特曼传感器的空间采样频率和绝对测量精度不高。

## 3.2　夏克-哈特曼光学波前传感技术工作原理

　　夏克-哈特曼传感器的波前探测原理如下：利用微透镜阵列对待测光束进行空间采样，并聚焦到 CCD 或 CMOS 相机靶面上，根据微透镜焦点位置的偏移量，计算局部波前斜率，进而拟合出待测波前轮廓，如图 3.3 所示。

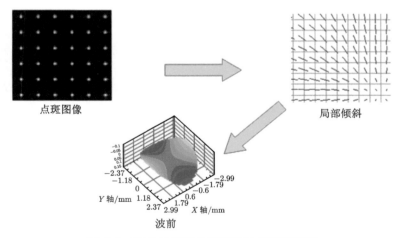

图 3.3　夏克-哈特曼传感器的波前探测原理

### 3.2.1 夏克-哈特曼波前探测原理

波前探测的第一步，是对待测波前和参考波前形成的光斑质心间的位置偏差 $(\Delta x_i, \Delta y_i)$ 进行测定，如图 3.4 所示。为达到高精度的波前探测，光斑质心坐标的测量必须精确至亚像素级。

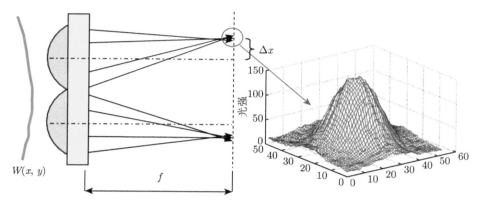

图 3.4　微透镜子孔径像点位移测量

子孔径光斑质心坐标的求取，通过对光斑内光强分布的加权平均来进行

$$x_c = \frac{\sum\limits_{i=i_0}^{i_1}\sum\limits_{j=j_0}^{j_1} i\delta_x I(i,j)}{\sum\limits_{i=i_0}^{i_1}\sum\limits_{j=j_0}^{j_1} I(i,j)}, \quad y_c = \frac{\sum\limits_{i=i_0}^{i_1}\sum\limits_{j=j_0}^{j_1} j\delta_y I(i,j)}{\sum\limits_{i=i_0}^{i_1}\sum\limits_{j=j_0}^{j_1} I(i,j)} \tag{3-1}$$

式中，$I(i,j)$ 是坐标为 $(x_i, y_i)$ 的像素点 $(i,j)$ 处的光强值；$\delta_x, \delta_y$ 分别是 $x$ 和 $y$ 方向的像素间隔距离。通过阈值法，对光强数值进行处理以降低噪声干扰 (探测器噪声、子孔径之间的交叉干扰等)。探测到的子孔径衍射光斑阵列对应于入射波前被微透镜阵列采样之后形成的光强分布。由于衍射效应，子孔径光斑必具有一定的大小，这就限制了夏克-哈特曼波前探测器的动态范围。对于具有直径 $D$ 和焦距 $f$ 的微透镜，如果其像素间隔为 $\delta_x = \delta_y$，探测波长为 $\lambda$，其探测的最大波前斜率为

$$\left(\frac{\partial W}{\partial x}\right)_{\max} = \left(\frac{\partial W}{\partial y}\right)_{\max} = \frac{\Delta x_{\max}}{f} = \frac{\Delta y_{\max}}{f} = \frac{\delta - 2.44\frac{f\lambda}{D}}{2f} \tag{3-2}$$

### 3.2.2 夏克-哈特曼波前复原原理

由式 (3-2) 得到的平均斜率数据，利用波前复原算法可以复原原始波前。目前由子孔径光斑阵列复原波前的方法主要有两种：一是区域波前复原法；二是模

式波前复原法。

**1. 区域波前复原法**

区域波前复原法的原理是，通过测量子孔径周围点斑质心位置，由估计算法得出中心点的相位值。区域波前复原法有很多种，根据斜率测量点和重构点相对位置的不同，可以分为三种主要的重构模式，如图 3.5 所示。图中圆圈代表待估计的相位点，箭头代表测量的斜率。

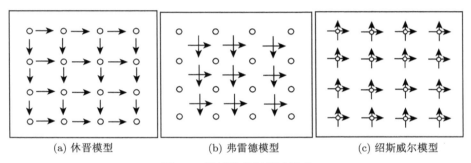

(a) 休晋模型　　　　　　　　(b) 弗雷德模型　　　　　　　　(c) 绍斯威尔模型

图 3.5　区域波前复原法模型

**1) 休晋模型**

如图 3.5(a) 所示，测量数据为栅格点间的相位差，重构相位点位于栅格点上。对于任意子区域，因栅格 $h$ 很小，可以认为

$$\Delta\varphi_x = \varphi_{i+1,j+1} - \varphi_{i,j+1} = \varphi_{i+1,j} - \varphi_{i,j} \tag{3-3}$$

$$\Delta\varphi_y = \varphi_{i+1,j+1} - \varphi_{i+1,j} = \varphi_{i,j+1} - \varphi_{i,j} \tag{3-4}$$

设子区域内各处波前斜率近似相等，则

$$g_x = \frac{\Delta\varphi_x}{h} = (\varphi_{i+1,j} - \varphi_{i,j}), \quad i = 1 \sim (N-1), \ j = 1 \sim N \tag{3-5}$$

$$g_y = \frac{\Delta\varphi_y}{h} = (\varphi_{i,j+1} - \varphi_{i,j}), \quad i = 1 \sim N, \ j = 1 \sim (N-1) \tag{3-6}$$

式中，$N = D/h$，$D$ 为子孔径尺寸。

**2) 弗雷德模型**

如图 3.5(b) 所示，待估相位点位于栅格点上，测得的斜率位于区域中央。可得到相位和斜率的差分方程

$$g_x = \frac{1}{h}\left[\frac{1}{2}(\varphi_{i+1,j+1} + \varphi_{i+1,j}) - \frac{1}{2}(\varphi_{i,j+1} + \varphi_{i,j})\right] \tag{3-7}$$

$$g_y = \frac{1}{h}\left[\frac{1}{2}(\varphi_{i+1,j+1} + \varphi_{i,j+1}) - \frac{1}{2}(\varphi_{i+1,j} + \varphi_{i,j})\right] \tag{3-8}$$

3) 绍斯威尔模型

如图 3.5(c) 所示，相位点位于探测子孔径的中心，写成差分方程有

$$\frac{1}{2}(g_{i+1,j}^x + g_{i,j}^x) = \frac{1}{h}(\varphi_{i+1,j} - \varphi_{i,j}), \quad i = 1 \sim (N-1), \ j = 1 \sim N \tag{3-9}$$

$$\frac{1}{2}(g_{i+1,j}^y + g_{i,j}^y) = \frac{1}{h}(\varphi_{i,j+1} - \varphi_{i,j}), \quad i = 1 \sim N, \ j = 1 \sim (N-1) \tag{3-10}$$

上述三种模式的差分方程都可以用矩阵形式表示

$$\boldsymbol{G} = \boldsymbol{D}\boldsymbol{\Phi} \tag{3-11}$$

通过求解线性方程，可以从夏克-哈特曼波前探测器测量到的离散子孔径光斑数据中恢复出原始波前。线性方程主要有下面几种解。

(1) 标准最小二乘解。由于矩阵 $\boldsymbol{D}$ 的秩不完备，是奇异的，不能用标准最小二乘解，为此需要将矩阵结构改变一下。方法是将波前上一个点的相位取为零，则矩阵 $\boldsymbol{D}$ 可以去掉一列或两列，剩下矩阵 $\boldsymbol{D}$ 的秩是完备的，可以得到标准最小二乘解

$$\boldsymbol{X} = [\boldsymbol{D}_r^{\mathrm{T}}\boldsymbol{D}_r]^{-1}\boldsymbol{D}_r^{\mathrm{T}}\boldsymbol{G} \tag{3-12}$$

(2) 最小二乘最小范数解。该方法是通过在波前相位中去掉平均相位的方法来解决矩阵 $\boldsymbol{D}$ 秩不完备的问题。引入两个增广矩阵 $\boldsymbol{D}_e$ 和 $\boldsymbol{G}_e$。

$$\boldsymbol{D}_e = \begin{bmatrix} \boldsymbol{D} \\ \boldsymbol{D}_s \end{bmatrix}, \quad \boldsymbol{G}_e = \begin{bmatrix} \boldsymbol{G} \\ \boldsymbol{0} \end{bmatrix} \tag{3-13}$$

$\boldsymbol{D}_s$ 为 $1 \times K$ 矩阵，其中每个元素都为 1。则有

$$\boldsymbol{D}_e\boldsymbol{X} = \boldsymbol{G}_e \tag{3-14}$$

因为 $\boldsymbol{D}_e^{\mathrm{T}}\boldsymbol{D}_e$ 不再是奇异的，上面的方程具有最小二乘最小范数解

$$\boldsymbol{X} = [\boldsymbol{D}_e^{\mathrm{T}}\boldsymbol{D}_e]^{-1}\boldsymbol{D}_e^{\mathrm{T}}\boldsymbol{G} \tag{3-15}$$

2. 模式波前复原法

模式波前复原法的原理是，首先计算出全孔径的波前相位所对应的各阶正交模式，然后用测量的各子孔径点斑斜率数据进行各模式系数拟合，从而求出完整的展开式，得到波前相位。

对于圆域的波前复原，常用 Zernike 多项式，因为它在圆域上满足完备性和正交性。

首先计算出全孔径的波前相位所对应的各阶 Zernike 多项式，然后拟合出各 Zernike 项的系数，完成波前的重构。

圆域上波前的 Zernike 多项式为

$$\varphi(x,y) = \sum_{k=1}^{M} a_k Z_k(x,y) = \boldsymbol{ZA} \tag{3-16}$$

式中，$\boldsymbol{Z}$ 为 Zernike 多项式矩阵；$\boldsymbol{A}$ 为系数矩阵；$M$ 为选取的 Zernike 多项式阶数。我们知道夏克-哈特曼波前探测器测量的是波前斜率，因此需要对上式进行微分，得到

$$g_x = \sum_{k=1}^{M} \left( a_k \frac{\partial Z_k(x,y)}{\partial x} \right) + \varepsilon_x \tag{3-17}$$

$$g_y = \sum_{k=1}^{M} \left( a_k \frac{\partial Z_k(x,y)}{\partial y} \right) + \varepsilon_y \tag{3-18}$$

式中，$\varepsilon_x$ 和 $\varepsilon_y$ 为测量误差。因为用夏克-哈特曼波前探测器测量子孔径内的平均斜率，因此有

$$\bar{g}_{x_i} = \sum_{k=1}^{M} a_k \frac{\iint_{D_i} \dfrac{\partial Z_k(x,y)}{\partial x} \mathrm{d}x\mathrm{d}y}{S_i} + \varepsilon_{x_i} \tag{3-19}$$

$$\bar{g}_{y_i} = \sum_{k=1}^{M} a_k \frac{\iint_{D_i} \dfrac{\partial Z_k(x,y)}{\partial y} \mathrm{d}x\mathrm{d}y}{S_i} + \varepsilon_{y_i} \tag{3-20}$$

将上式改写为矩阵形式，即有

$$\boldsymbol{G} = \boldsymbol{DA} + \boldsymbol{\varepsilon} \tag{3-21}$$

式中，$\boldsymbol{G}$ 是 $2N$ 维矢量；$\boldsymbol{D}$ 为 $2N \times M$ 矩阵；$\boldsymbol{A}$ 为 $M$ 维矢量。

与区域法求解类似，上述方程式也可以获得最小二乘最小范数解

$$\boldsymbol{A} = (\boldsymbol{D}^{\mathrm{T}}\boldsymbol{D})^{-1}\boldsymbol{D}^{\mathrm{T}}\boldsymbol{G} \tag{3-22}$$

得到系数矩阵 $\boldsymbol{A}$ 后，就可以解算出原始波前。

### 3.2.3 夏克-哈特曼波前复原误差分析

波前复原过程中有两个重要的误差源，算法误差和测量误差，其中测量误差通过误差传递系数间接影响重构波前的精度。

1. 算法误差

波前复原中，算法本身的不完善将造成波前复原误差。

区域法进行波前复原时，算法精度主要取决于采样点数目与误差波前空间频率的关系。当波前误差具有简单性质 (如倾斜、离焦、像散等) 时，区域重构法都可以很好地重构波前。然而对于空间频率更高的误差波前，区域法将不能完善地重构波前，这是由采样密度不够造成的。按照香农采样定理，区域法可以复原的波前空间频率最高只能是采样点空间频率的一半。

在模式波前复原法中，由于所采用模式不完全正交性，采样有限等影响，使模式间产生耦合、混淆。当复原的模式阶数 $N_s$ 与原始波前阶数 $N_f$ 不相等时，有两种情况。

(1) 当复原模式阶数 $N_s$ 少于原始波前阶数 $N_f$ 时，即所采用的重构模式阶数少于真实波前的模式阶数，将使一些高阶像差模式被拟合成低阶像差模式，即模式间产生耦合。

(2) 而当复原模式阶数 $N_s$ 多于原始波前阶数 $N_f$ 时，即所采用的重构模式阶数多于真实波前的模式阶数，则矩阵 $\boldsymbol{D}$ 后面的一些列，将与前面的一些列呈线性相关，即各阶模式间产生混淆，一些低阶的模式被拟合成高阶的模式，使本来应该为 0 的高于原始波前阶数 $N_f$ 的模式，重构出不为 0 的值。

综上所述，只有当复原模式阶数 $N_s$ 与原始波前阶数 $N_f$ 相等时，才能避免模式耦合及混淆，避免重构算法引起的误差。

2. 测量误差

波前测量误差主要由如下三方面构成。

(1) 原理误差：当利用相机采集哈特曼光学波前传感器的光斑质心时，由于相机像元有一定的尺寸，因此单个子孔径所占像元数有限，对光斑质心的测量将带来原理性的误差。这种误差由两部分组成：①采样误差，由离散采样引起，随光斑与坐标原点的偏离量呈正弦变化；②截断误差，当光斑倾斜较大，使其接近其子孔径的范围边缘时，光斑一部分能量将逸出该范围，使质心的测量误差值单调变化。当光斑大时，采样误差会变小，而截断误差变大。

(2) 探测器的噪声误差：探测器自身的噪声，在信号光较弱的情况下，将引起光斑质心的测量误差，即探测器的读出噪声误差，当探测器的信噪比提高时，该误差将迅速减小。

(3) 光子起伏误差：由光信号的光子引起的时间和空间分布随机性而引入误差，即光子误差。这种误差将随光强的增加而迅速减小，因此非弱光情况下可忽略。

## 3.3　夏克-哈特曼光学波前传感的主要性能指标

夏克-哈特曼传感器的性能指标主要有动态范围、灵敏度、探测精度、探测速度以及探测能力，下面将分别介绍。

### 3.3.1　动态范围

动态范围与微透镜子孔径尺寸、焦距有关，如图 3.6 所示，当局部波前倾斜量大到使子孔径内的光斑质心落到其对应的 CCD 靶面范围之外时，即为传感器的极限动态范围。以倾斜角度表示为

$$\theta_{\max} = \frac{h \cdot D}{f} \tag{3-23}$$

式中，$D$ 为微透镜子孔径直径；$f$ 为微透镜焦距；当软件中未采用特殊算法时，$h = 0.5$，当采用光斑质心追踪算法等扩大传感器动态范围时，$h$ 可取更大的值。转换成在整个孔径内的最大可测波前倾斜为

$$\varphi_{\max} = \theta_{\max} \times N \times D \tag{3-24}$$

式中，$N$ 为光瞳直径上的子孔径数。可见，动态范围与微透镜子孔径尺寸成正比，与焦距成反比。

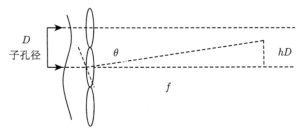

图 3.6　夏克-哈特曼传感器动态范围示意图

### 3.3.2　灵敏度

灵敏度表示最小可测量波前斜率，受光斑质心位移的计算精度限制。光斑质心位移量通常用 CCD 的像素尺寸描述，令探测器的像元尺寸为 $P$，光斑质心测量精度为 $q$ 个像素，则最小可分辨距离为 $qP$，最小可探测的波前倾斜，即灵敏度为

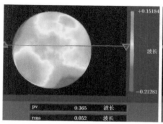
(a) 反射镜1ZYGO测试结果

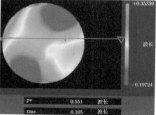
(b) 反射镜2ZYGO测试结果

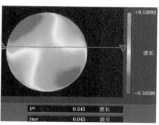
(c) 反射镜3ZYGO测试结果

(d) 反射镜1夏克-哈特曼测试结果

(e) 反射镜2夏克-哈特曼测试结果

(f) 反射镜3夏克-哈特曼测试结果

图 3.12　三个凹面反射镜的检测结果

图 3.13　夏克-哈特曼传感器对 600mm 球面反射镜检测

图 3.14　夏克-哈特曼传感器对 1.2m SiC 反射镜检测

### 2. 系统波像差检测

相比于光学元件面形的检测,夏克-哈特曼传感器在光学系统波像差测量中的应用,更具优势和意义。尤其是对于大口径望远镜的波前测量,目前望远镜的检测方法主要是使用标准平面反射镜和干涉仪通过自准直方法进行波像差检验,或者使用平行光管进行分辨率检验。但这两种方法都需要与被测系统口径相同或更大、精度更高的标准光学设备,这对于直径在 1m 级的大口径望远镜来说是很难实现的。另外,望远镜在外场使用时,由于运输过程中的振动、环境温度等的影响,可能使其性能发生变化,与实验室内装调检测的结果不符,因此望远镜的外场波像差检验是必要的。

早期的望远镜外场检验主要是通过传统的哈特曼检验方法,测量望远镜的能力集中度或点图,无法定量给出系统的像差形式和量值。而剪切干涉仪、泰曼-格林干涉仪等波前测量设备由于结构复杂、光能利用率低等缺点,应用并不广泛。

夏克-哈特曼传感器在望远镜波前检测中,可以采用星光作为参考光源,不需要大口径标准元件,且具有抗环境扰动、实时测量等优点,适于大口径望远镜的外场检验。1m 望远镜检测波像差夏克-哈特曼传感器检测光路,如图 3.15 和图 3.16 所示。

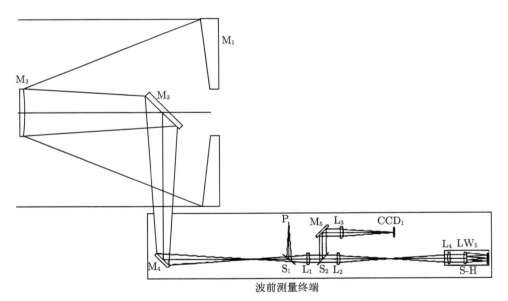

图 3.15    1m 望远镜检测波像差夏克-哈特曼传感器检测光路示意图

$M_1 \sim M_5$-反射镜 $1 \sim 5$;$L_1 \sim L_4$-透镜 $1 \sim 4$;$S_1$、$S_2$-分色镜 1、2;P-标定光源;

$LW_5$-微透镜阵列;S-H-夏克-哈特曼

图 3.16 1m 望远镜检测波像差夏克-哈特曼检测终端箱

装调完成后,通过标准点光源测出箱内光路的系统误差,包括装调误差、元件加工误差及夏克-哈特曼传感器自身的误差,通过设置参考,将传感器测得的点斑质心位置作为参考,即可去除系统误差。

对恒星测试中,为提高图像的信噪比,选择 1.5 星等 ~3 星等的亮星。每帧图像积分时间取 30s 以平滑大气扰动的影响,实际测试有效点为 244 个。

对望远镜在 24°、35°、42°、48°、54°、61° 和 72° 俯仰角下进行了测试,不同俯仰角时测出的波面轮廓基本不变,如图 3.17 所示,不同俯仰角的波像差 (3 阶像差) 测试数据如表 3.1 所示,可以看出系统像差主要为 3 阶 0° 像散,随着俯仰角增加,该像散值也增大,同时系统波像差也随之增大,均方根值 (root mean square, RMS) 在 $0.39\lambda$ ~$0.46\lambda$。尤其是俯仰角超过 60° 以后增加明显,可以得出望远镜随着俯仰角度的变化,其弯沉及主镜支撑会引起像质一定的变化。

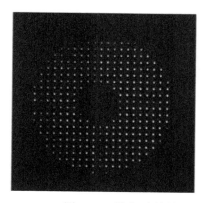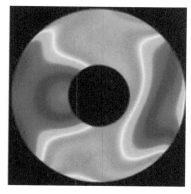

图 3.17 夏克-哈特曼测出的实验箱内光路系统误差

**表 3.1　不同俯仰角的波像差测试数据 ($\lambda$)**

| 俯仰角 | 24° | 35° | 42° | 48° | 54° | 61° | 72° |
|---|---|---|---|---|---|---|---|
| 0° 像散 | −0.61 | −0.66 | −0.74 | −0.73 | −0.77 | −0.81 | −0.79 |
| 45° 像散 | −0.21 | −0.43 | −0.30 | −0.28 | −0.30 | −0.41 | −0.34 |
| $x$ 彗差 | −0.12 | −0.15 | −0.01 | −0.22 | −0.21 | −0.32 | −0.42 |
| $y$ 彗差 | −0.08 | 0.06 | 0.03 | 0.18 | 0.20 | 0.25 | 0.40 |
| $x$ 倾斜 | −0.20 | −0.14 | −0.04 | 0.00 | −0.01 | −0.05 | −0.05 |
| $y$ 倾斜 | 0.00 | −0.01 | 0.03 | −0.02 | 0.02 | −0.04 | −0.01 |
| 3 阶球差 | 0.50 | 0.22 | 0.08 | 0.01 | −0.06 | −0.15 | −0.20 |
| RMS | 0.39 | 0.39 | 0.40 | 0.39 | 0.41 | 0.46 | 0.46 |

通过相机前后调焦得到的焦面前后星点像，来对望远镜进行定性的星点检验，如图 3.18 所示，图中同时给出了此时夏克-哈特曼传感器测出的离焦量，由图可见，系统存在较大的 0° 像散，与夏克-哈特曼测量结果相符合。

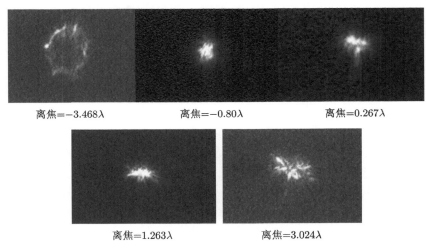

离焦=−3.468$\lambda$　　　　　　离焦=−0.80$\lambda$　　　　　　离焦=0.267$\lambda$

离焦=1.263$\lambda$　　　　　　离焦=3.024$\lambda$

图 3.18　焦面前后星点像及夏克-哈特曼测出的离焦量

小结：夏克-哈特曼方法测量大口径望远镜系统波像差，具有外场环境适应性强、不需要高精度大口径的检测设备等特点，并可对望远镜在不同俯仰角状态下测试，具有传统干涉仪检验所不具备的优势。

### 3.4.2　自适应光学中的应用

主动光学和自适应光学是新一代大口径望远镜研制中的关键技术。

自适应光学用于校正大气湍流引起的波前畸变，主要包括波前探测、波前补偿、自适应成像探测等部分，如图 3.19 所示。其中波前探测系统主要用于大气湍流引起的波前畸变的探测，一般包括夏克-哈特曼光学波前传感器和波前处理系统。

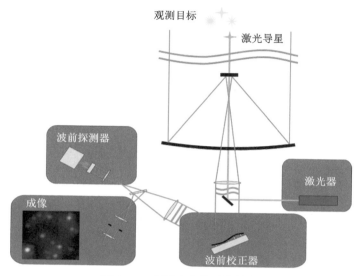

图 3.19　自适应光学系统结构

　　夏克-哈特曼传感器在自适应光学中应用时，对传感器空间采样率、采集处理帧频、探测能力等方面性能要求比较高。其空间采样率主要由大气相干长度 $r_0$ 决定，当传感器子孔径尺寸与波前校正器单元大小及大气 $r_0$ 相当时，能够较好地补偿大气湍流引起的波前畸变；中等强度的大气湍流频率大约在 50~60Hz 范围内，校正系统的速度至少要 6 倍于湍流频率，而每个元件的速度至少要 10 倍于湍流频率，这要求探测器只能以毫秒时间采样，因此需要探测器相机具有高的采集帧频，同时对于处理帧频和运算速度也具有较高要求，一般可达 500~2000Hz。

　　探测器时间采集帧频的提高，导致单个子孔径接收到的光子数量减少，同时随着被观测目标视星等的增高，辐射能量更弱，为了保证传感器的探测能力，需要高量子效率，低噪声的相机作为光电探测器件。

　　图 3.20~图 3.23 为夏克-哈特曼传感器在大口径望远镜自适应系统中的应用实例，传感器的各项性能指标按照望远镜自适应系统指标要求确定。

图 3.20　97 单元夏克-哈特曼传感器

图 3.21 库得光路夏克-哈特曼传感器

图 3.22 349 单元夏克-哈特曼传感器

图 3.23 973 单元夏克-哈特曼传感器

### 3.4.3 主动光学中的应用

自适应光学是通过小的变形镜在高达几百甚至上千赫兹的频率下对大气湍流进行校正,它可以作为一套独立的高科技附件安装在望远镜焦面上。与其相比,主动光学与望远镜的研制是紧密联系的。主动光学直接对望远镜的主镜进行校正,校正对象主要是主镜由重力、温度引起的变形误差以及加工误差,如图 3.24 所示,由于这些误差变化缓慢,因此校正频率达到 0.01~0.1Hz 即可。目前世界上口径 3m 以上的望远镜都采用主动光学技术。

由于主动光学一般采用模式法进行波前采集及波像差控制,而且受到主镜刚度等影响,主动光学对于波前采集与校正的空间频率和时间频率要求都不高,因此对于主动光学夏克-哈特曼传感器的微透镜阵列规格、相机帧频、探测能力等要求均相对不高。但考虑到主动光学校正像差范围较大,往往需要传感器具有较大的动态范围。

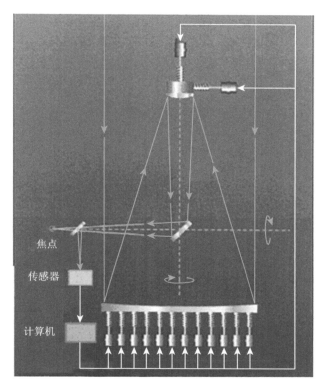

图 3.24 主动光学原理图

图 3.25 为口径为 600mm 的主动光学望远镜夏克-哈特曼传感器实物图，图 3.26 为口径为 600mm 的主动光学望远镜的室内校正及实验效果图。

图 3.25 口径为 600mm 的主动光学望远镜夏克-哈特曼传感器

图 3.27 为大口径主动光学望远镜中的夏克-哈特曼终端及波前校正效果图，望远镜初始波前误差约 1λ RMS(λ=632.8nm)，校正后波前误差约 λ/5 RMS，达到望远镜主动光学的预期校正效果。

图 3.26　口径为 600mm 的主动光学望远镜的室内校正及实验效果

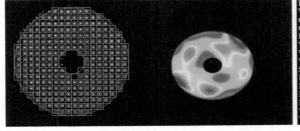

图 3.27　大口径主动光学望远镜中的夏克-哈特曼终端及波前校正效果

## 参 考 文 献

[1] Johannes F H. Objektivuntersuchungen[J]. Zeitschr f Instrk, 1904, 24(1-21): 33-47.

[2] Platt B C, Shack R V. Production and use of a lenticular Hartmann screen [J]. Journal of the Optical Society of America A, 1971, 61: 656-660.

[3] Platt B C, Shack R V. History and principles of Shack-Hartmann wavefront sensing[J]. Journal of Refractive Surgery, 2001, 17(5): S573-S577.

[4]  Fugate R Q , Ellerbroek B L , Higgins C H , et al. Two generations of laser-guide-star adaptive-optics experiments at the starfire optical range[J]. JOSA A, 1994, 11(1): 310-320.

[5]  李宏壮, 林旭东, 刘欣悦, 等. 400 mm 薄镜面主动光学实验系统 [J]. 光学精密工程, 2009, 17(9): 2076-2083.

[6]  李宏壮, 张振铎, 王建立, 等. 基于浮动支撑的 620mm 薄反射镜面形主动校正 [J]. 光学学报, 2013, 33(5): 0511001-0511009.

[7]  李宏壮, 王建立, 林旭东, 等. 薄反射镜主动光学实验系统 [J]. 光电工程, 2009, 36(6): 120-126.

[8]  李宏壮, 刘欣悦, 王志臣, 等. 多用途、模块化哈特曼波前传感器的研制 [J]. 光学技术, 2011, 37(3): 362-365.

[9]  李宏壮, 王建立, 林旭东, 等. 薄反射镜主动光学实验系统 [J]. 光电工程, 2009, 36(6): 120-125.

[10]  李宏壮, 张景旭, 张振铎, 等. 620mm 薄镜面主动光学望远镜校正实验 [J]. 光电工程, 2014, 43(1): 166-172.

[11]  Li H, Liu X, Wang J. Research of active supporting technology based on 400mm thin mirror [C]. Proc. SPIE, 2010: 765404.

[12]  李宏壮, 王志臣, 刘欣悦, 等. Shack-Hartmann 波前传感器在光学检验中的应用 [J]. 应用光学, 2012, 33(1): 134-138.

[13]  李宏壮, 王志臣, 王富国, 等. 大口径望远镜波像差的外场检验方法 [J]. 光子学报, 2012, 41(1): 39-42.

[14]  Salvador B. Characteristic functions of Hartmann-Shack wavefront sensors and laser-ray-tracing aberrometers[J]. Journal of the Optical Society of America A, 2008, 24(12): 3700-3707.

[15]  Raúl M, Vicente D, Arines J, et al. Closed-loop adaptive optics with a single element for wavefront sensing and correction[J]. Optics Letters, 2011, 36(18): 3702-3704.

[16]  Di'az-Douto'n F, Benito A, Pujol J, et al. Comparison of the retinal Image quality with a Hartmann-Shack wavefront sensor and a double-pass instrument[J]. Investigative Opthalmology & Visual Science, 2006, 47(4): 1710-1716.

[17]  凌宁, 张雨东, 饶学军, 等. 用于活体人眼视网膜观察的自适应光学成像系统 [J]. 光学学报, 2004, 24(9): 1153-1158.

[18]  张雨东, 姜文汉, 史国华, 等. 自适应光学的眼科学应用 [J]. 中国科学: 物理学 力学 天文学, 2007, 37(s1): 68-74.

# 第 4 章　棱锥光学波前传感技术

## 4.1　棱锥光学波前传感技术概述

第 3 章详细介绍了夏克-哈特曼光学波前传感技术的原理、指标分析和应用实例。棱锥光学波前传感技术结构上与夏克-哈特曼具有一定的相似性，不仅继承了其结构简单、运行速度快等优点，而且可自主调节动态范围和探测精度，此外，还具有采样率高、光子噪声和截断噪声影响小等特点，是一种在夏克-哈特曼的基础上发展起来的新型高性能光学波前传感技术。

棱锥光学波前传感技术提出时的模型是金字塔形状的折射镜，其探测原理是1996 年由意大利科学家 Ragazzoni R. 根据傅科刀口检测 (Foucault knife test) 原理衍生而来的，本质是利用棱镜对焦平面光束进行分光，每个子光束携带一部分入射光频谱信息，四个子光束在探测平面分别形成光瞳像，进而可估算波前畸变信息[2]。同时，针对棱锥光学波前传感器动态范围较小，仅在入射波畸变较小时，传感器输出信号才与入射波局部斜率呈线性关系的特性，提出了调制和无调制工作方式。

相比自适应光学技术中多种光学波前传感方法，以棱锥光学波前传感器为代表的棱锥光学波前传感方法起步较晚，属于较新的传感器，但是发展速度最快。从1996 年至今，棱锥光学波前传感器在天文观测，人眼像差检测，拼接镜光程差探测，自由空间光通信等领域已经取得了诸多可观的研究成果。

最早使用棱锥作为光学波前传感器的自适应光学系统是 1998 年在意大利建成的 3.5m Galileo 天文望远镜中的 Adopt@TNG 自适应光学系统，而真正实现棱锥光学波前传感器闭环校正高阶像差是在 2004 年 [3-5]。西班牙也开展了棱锥光学波前传感器的相关研究，名为 PYRAMIR 计划，主要探索棱锥在 J、H、K波段下的波前探测，而后在 2005 年将其应用在 3.5m Calar Alto 望远镜的自适应光学系统中，与在可见光波段下工作的夏克-哈特曼光学波前传感器共同完成波前畸变探测，这里的棱锥波前传感器工作在无调制模式下，并先后在 2006 年和 2008 年进行天体测量 [6-10]。现下全球多个大型天文望远镜，比如 LBT(large binocular telescope)，E-ELT(European extremely large telescope)，VLT(very large telescope) 都计划使用棱锥光学波前传感器进行波前探测 [11-24]。

在人眼像差检测方面，首次应用棱锥光学波前传感器的是 Ignacio[25]，2002 年完成了使用毛玻璃对棱锥进行静态调制来检测人眼像差，并提出了在人眼像差检测方面，棱锥光学波前传感器比夏克-哈特曼光学波前传感器拥有更高的灵敏度。在 2006 年，R. Stephane 也采用棱锥光学波前传感器对人眼像差进行了测量和闭环校正，并发现在拥有散斑的人眼像差探测中，棱锥可以取得很好的实验结果 [26]。

此外，在拼接镜光程差检测方面，棱锥光学波前传感器也取得了很好的研究结果 [27-30]。2001 年，S. Esposito 和 N. Devaney 首次提出应用棱锥光学波前传感器检测拼接镜的法向光程差，$x$ 和 $y$ 方向倾斜同时无须对棱锥原有的光路进行较大改动。两年后，S. Esposito 成功对两个立方体拼接而成的镜面进行 DP 测量，实验室测量结果与仿真预测值完美吻合。之后，S. Esposito 又进行了三个子镜拼接的镜面检测研究，并在 2005 年与 E. Pinna 共同完成了对拼接镜面九个自由度 (每个子镜有三个自由度，即平移、Tip 和 Tilt) 的闭环检测实验。在之后的两年中，E. Pinna 对棱锥检测拼接镜面像差方面进行了后续研究，取得了较好的实验结果。Pinna 使用连续波长对拼接镜面进行测量，并实现了从 $\pm\lambda/2 \sim \pm10\lambda$ 的像差检测。

国内对棱锥光学波前传感方法的研究起步较晚，目前只有中国科学院光电技术研究所，中国科学院上海天文台和中国科学院长春光学精密机械与物理研究所 [1,2] 开展了相应的理论仿真和实验验证。中国科学院光电技术研究所先后对无调制二棱锥光学波前传感器和无调制棱锥光学波前传感器进行研究 [31-34]。从傅里叶光学的角度分析其波前探测原理，并给出模式波前复原方法中的复原矩阵表达式；在无调制二棱锥自适应光学系统中采用两个互相垂直的二棱锥进行对波前畸变的检测；并建立了基于无调制棱锥和液晶空间光调制器的自适应光学系统，对上述复原矩阵进行验证。此外，中国科学院光电技术研究所还提出了衍射式棱锥的制造。上海天文台主要利用棱锥光学波前传感器可以测量拼接镜光程差的特性，来检测光学天文望远镜中，因大气扰动造成的单孔径中的波前误差，以及子孔径同一时刻波前中的相对光程差 [35,36]。中国科学院长春光学精密机械与物理研究所已经完成了无调制棱锥和调制棱锥的相关仿真分析，进一步的实验验证正在进行中 [1,2]。

## 4.2 棱锥光学波前传感技术工作原理

### 4.2.1 传统棱锥光学波前传感技术工作原理

1996 年 Ragazzoni 首次提出了使用金字塔形状的透镜来检测天文观测中的波前畸变信息，其本质可以看作是傅科刀口检测的变形和发展。

傅科刀口检测是指在光学系统的焦平面放置一个锋利的不透明刀口，用来检测入射波是否会聚到了光学系统的焦点处。当入射波存在畸变波前时，光束的实际焦点将不在刀口边缘上，这时将有一部分入射光被刀口挡住，探测平面就只能得到一个不完整的图像，如图 4.1 所示。图 4.1(a) 展示了傅科刀口检测原理结构图，图 4.1(b) 为当入射波前为离焦和球差时的探测平面图像。

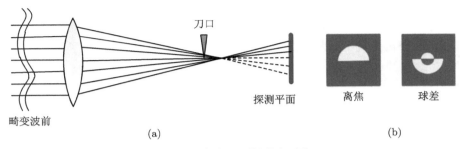

图 4.1　傅科刀口检测原理图

在傅科刀口检测的理论基础上，Ragazzoni 首次提出了棱锥光学波前传感器的概念，即使用一个折射式的棱锥镜进行分光，根据物理光学原理，利用探测平面的四个子图像估计波前相位。棱锥光学波前传感器的原理图，如图 4.2 所示。

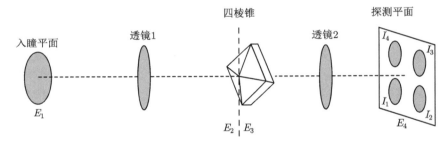

图 4.2　棱锥光学波前传感器原理图

棱锥光学波前传感器主要由棱锥镜和前后置透镜组成，是一个简单的 4F 系统。入射波经过透镜会聚到棱锥顶点，经过棱锥的折射，穿过后置透镜，最终成像在探测平面。这里的棱锥镜可看作为相位屏，起到滤波分光的作用。探测平面四个光瞳像，是由棱锥不同面分别折射而成，所以分别包含了原始光场的一部分频率分量，记为 $I_1$，$I_2$，$I_3$，$I_4$。从物理光学角度解释，各个面上的光波正常折射通过，而面的两条棱上的光波发生衍射，二者合成的光场透过后置透镜，最终照射在探测平面。传感器的输出信号 $S_x$，$S_y$ 表达式如下：

$$S_x = \frac{(I_2 + I_3) - (I_1 + I_4)}{I_1 + I_2 + I_3 + I_4} \tag{4-1}$$

$$S_y = \frac{(I_3 + I_4) - (I_1 + I_2)}{I_1 + I_2 + I_3 + I_4} \tag{4-2}$$

根据傅里叶光学原理，透镜对入射光场的影响可以用其傅里叶变换表示，而棱锥相当于相位屏，图 4.2 入瞳处光场记为 $E_1(x, y)$，计算后可得探测平面四个

光瞳像复振幅表达式为

$$E_{41} = \frac{f_1}{4f_2}\left[E_1(x,y) + \mathrm{i}E_1(x,y)*\frac{\delta(y)}{\pi x} + \mathrm{i}E_1(x,y)*\frac{\delta(x)}{\pi y} - E_1(x,y)*\frac{1}{\pi^2 xy}\right]$$

(4-3)

$$E_{42} = \frac{f_1}{4f_2}\left[E_1(x,y) + \mathrm{i}E_1(x,y)*\frac{\delta(y)}{\pi x} - \mathrm{i}E_1(x,y)*\frac{\delta(x)}{\pi y} + E_1(x,y)*\frac{1}{\pi^2 xy}\right]$$

(4-4)

$$E_{43} = \frac{f_1}{4f_2}\left[E_1(x,y) - \mathrm{i}E_1(x,y)*\frac{\delta(y)}{\pi x} + \mathrm{i}E_1(x,y)*\frac{\delta(x)}{\pi y} + E_1(x,y)*\frac{1}{\pi^2 xy}\right]$$

(4-5)

$$E_{44} = \frac{f_1}{4f_2}\left[E_1(x,y) - \mathrm{i}E_1(x,y)*\frac{\delta(y)}{\pi x} - \mathrm{i}E_1(x,y)*\frac{\delta(x)}{\pi y} - E_1(x,y)*\frac{1}{\pi^2 xy}\right]$$

(4-6)

式中，$f_1$ 为透镜 1 焦距；$f_2$ 为透镜 2 焦距；$\delta$ 表示单位冲击函数；$*$ 表示卷积。

由式 (4-3)~(4-6) 可知，每个光瞳像除了含有入射波前信息外，还包含棱锥四个棱边单独的衍射效应，以及共同的衍射效应带来的附加信息。

Ragazzoni 还提出了棱锥光学波前传感器的调制工作模式，即周期的振动棱锥镜或者在前置光路中加入可周期运动的快速反射镜，来完成对入射光束的调制。从几何光学的角度分析，调制工作模式的实质是在原棱锥光学波前传感器的基础上，引入周期透射函数。当调制路径合适时，对其积分后可以获得较大视场内的入射波前信息，从而达到扩大棱锥光学波前传感器动态范围的作用。

常用的调制路径一般有两种，在相互垂直的两个方向上匀速或者按正弦规律振动棱锥，对应的入射光调制路径分别为正方形和圆形，如图 4.3 所示。其中图 4.3(a) 为方形调制路径，透射函数相对简单，但是棱镜运动方向突变时，透射函数呈现非线性；图 4.3(b) 为圆形调制路径，透射函数呈现一种不规则形状，只有在交点附近呈现近似线性，目前这种圆形调制路径应用较为广泛。

四棱锥光学波前传感器无法避免的问题之一是棱锥的加工。要求棱锥镜的棱边要足够锋利，侧面较光滑，同时底角较小，从而减小光能量损失和测量误差。举例说明，当光学系统入瞳直径为 4m，入射光波长为 632.8nm，系统 $F$ 数为 60 的情况下，光瞳平面艾里斑直径大约 40μm。若要保证能量损失小于 10%，并假设棱边上的光波能量损失为 100%，则棱边宽度不能超过 4μm；若要保证探测平面光瞳像互不重叠，同时不能引入过大的倾斜，以常用的 K7 玻璃为材料，棱锥底角须不大于 3°；若要保证棱锥侧面不引入大像差，则侧面起伏程度需要不大于 5μm。而这些参数对于现有的制作工艺来说，难度较大，所以，如何生产出符合标准的棱锥镜一直是众多学者研究的课题之一。

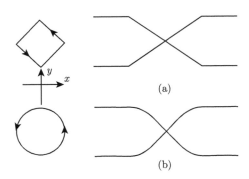

图 4.3　棱锥光学波前传感器调制路径示意图

## 4.2.2　串行棱锥光学波前传感技术工作原理

　　一种串行工作的反射式棱锥光学波前传感器，可以避开上述难题。使用微反射镜阵列，替代棱锥放置在焦面上，其中微反射镜阵列为至少包含 2×2 个，可自由完成翻转和倾斜操作的正方形微反射镜。当微反射镜阵列上所有镜子都是展平状态，即无翻转和倾斜时，由入瞳进入光学系统的所有光将都被反射到探测平面。串行棱锥光学波前传感器，是将一个探测周期分成 4 步骤，每个步骤中一个微镜翻转，如图 4.4 所示，深色微镜表示翻转部分。每个步骤中，有 3/4 的入射光被反射到探测平面，参与局部波前导数的计算。

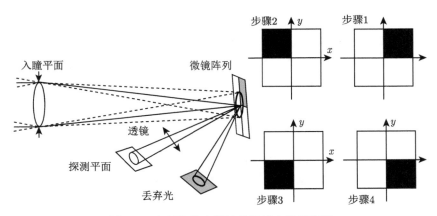

图 4.4　串行棱锥光学波前传感方法原理图

　　分别记录步骤 1~4 中探测平面图像光强分布为 $I_{four1}$，$I_{four2}$，$I_{four3}$ 和 $I_{four4}$，定义串行棱锥光学波前传感方法输出信号 $S_{fourx}$ 和 $S_{foury}$ 分别为

$$S_{fourx} = \frac{(I_{four2} + I_{four3}) - (I_{four1} + I_{four4})}{I_{four1} + I_{four2} + I_{four3} + I_{four4}} \tag{4-7}$$

$$S_{\text{four}y} = \frac{(I_{\text{four3}} + I_{\text{four4}}) - (I_{\text{four1}} + I_{\text{four2}})}{I_{\text{four1}} + I_{\text{four2}} + I_{\text{four3}} + I_{\text{four4}}} \tag{4-8}$$

与传统的折射式棱锥光学波前传感方法相比，串行棱锥用反射式拼接镜阵列替代了折射式角锥棱镜，改善了白光源时折射棱锥存在的色散效应，因而可以应用于宽带白光照明系统。使用传统棱锥光学波前传感方法时，为避免探测平面多个光瞳像出现干涉效应，成像装置 CCD 相机光学尺寸必须足够大；而串行棱锥使用的串行读出方式，使得每个步骤中只生成一个光瞳像，这就避免了大光学尺寸造成的，成像装置响应灵敏度不均匀、读出时间慢及成本升高等问题。

下文从傅里叶光学角度分析了串行棱锥光学波前传感方法的探测原理，其简化光学原理图，如图 4.5 所示。其中 $(x, y)$ 为入瞳平面坐标系，$(u, v)$ 为焦平面坐标系，$(\xi, \eta)$ 为探测平面坐标系。

入瞳平面的光场为

$$E_1(x, y) = u_0 \exp\left[\mathrm{i}\frac{2\pi}{\lambda}\varphi(x, y)\right] P \tag{4-9}$$

式中，$u_0$ 为入射光的强度；$\varphi(x, y)$ 为入射光的相位；$P$ 为光瞳函数；$\lambda$ 为光波波长。透镜 $L_1$ 焦平面的光场表达式为

$$E_2(u, v) = \frac{1}{\lambda f_1}\mathrm{FT}\left[E_1(x, y)\right]_{\left(\frac{u}{\lambda f_1}, \frac{v}{\lambda f_1}\right)} \tag{4-10}$$

式中，$f_1$ 为图 4.5 中透镜 $L_1$ 的焦距；FT 表示傅里叶变换。

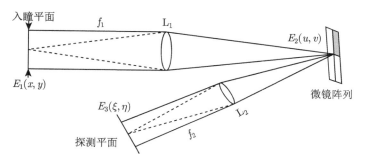

图 4.5　串行棱锥光学波前传感方法简化光学原理图

从傅里叶光学角度考虑，串行棱锥探测过程中的四个步骤可以看成是在焦平面分别放置了四个不同的相位板。用公式表示为

$$\Phi_{\text{step1}} = \frac{3}{4} - \frac{1}{4}\operatorname{sgn}(u)\operatorname{sgn}(v) - \frac{1}{4}\operatorname{sgn}(u) - \frac{1}{4}\operatorname{sgn}(v) \tag{4-11}$$

$$\Phi_{\text{step2}} = \frac{3}{4} + \frac{1}{4}\operatorname{sgn}(u)\operatorname{sgn}(v) + \frac{1}{4}\operatorname{sgn}(u) - \frac{1}{4}\operatorname{sgn}(v) \tag{4-12}$$

$$\Phi_{\text{step3}} = \frac{3}{4} - \frac{1}{4}\operatorname{sgn}(u)\operatorname{sgn}(v) + \frac{1}{4}\operatorname{sgn}(u) + \frac{1}{4}\operatorname{sgn}(v) \tag{4-13}$$

$$\Phi_{\text{step4}} = \frac{3}{4} + \frac{1}{4}\operatorname{sgn}(u)\operatorname{sgn}(v) - \frac{1}{4}\operatorname{sgn}(u) + \frac{1}{4}\operatorname{sgn}(v) \tag{4-14}$$

其中，符号函数

$$\operatorname{sgn}(u) = \begin{cases} 1, & u > 0 \\ 0, & u = 0 \\ -1, & u < 0 \end{cases} \tag{4-15}$$

反射后经过透镜 $L_2$，探测平面的光场复振幅表达式为

$$E_{3n}(\xi, \eta) = \frac{1}{\lambda f_2}\operatorname{FT}\left[E_2(u,v)\Phi_{\text{step }n}\right]_{\left(\frac{\xi}{\lambda f_2}, \frac{\eta}{\lambda f_2}\right)}, \quad n = 1, 2, 3, 4 \tag{4-16}$$

其中，$f_2$ 是图 4.6 中透镜 $L_2$ 的焦距。

将上述公式整理后可得

$$x = -\frac{f_1}{f_2}\xi \tag{4-17}$$

$$y = -\frac{f_1}{f_2}\eta \tag{4-18}$$

$$E_{31} = 3A + B + C + D \tag{4-19}$$

$$E_{32} = 3A - B - C + D \tag{4-20}$$

$$E_{33} = 3A + B - C - D \tag{4-21}$$

$$E_{34} = 3A - B + C - D \tag{4-22}$$

其中

$$A = \frac{f_1^3}{4f_2^3}E_1(x,y) \tag{4-23}$$

$$B = \frac{f_1^3}{4f_2^3}E_1(x,y) * \frac{1}{\pi^2 xy} \tag{4-24}$$

$$C = \frac{f_1^3}{4f_2^3}E_1(x,y) * \frac{\delta(y)}{\pi x}\mathrm{i} \tag{4-25}$$

$$D = \frac{f_1^3}{4f_2^3}E_1(x,y) * \frac{\delta(x)}{\pi y}\mathrm{i} \tag{4-26}$$

其中，$\delta$ 是单位冲击函数；$*$ 表示卷积运算。

从以上可知，探测平面采集的图像包含四个分量，分别是只与入射光有关的分量 $A$，同时与棱锥两个棱边有关的分量 $B$，只与棱锥一个棱边有关的分量 $C$ 和 $D$。

四个步骤中探测平面光能量分布为

$$I_{31} = 9|A|^2 + |B|^2 + |C|^2 + |D|^2 + 6\operatorname{Re}(\bar{A}B) + 6\operatorname{Re}(\bar{A}C) + 6\operatorname{Re}(\bar{A}D)$$
$$+ 2\operatorname{Re}(\bar{B}C) + 2\operatorname{Re}(\bar{B}D) + 2\operatorname{Re}(\bar{C}D) \tag{4-27}$$

$$I_{32} = 9|A|^2 + |B|^2 + |C|^2 + |D|^2 - 6\operatorname{Re}(\bar{A}B) - 6\operatorname{Re}(\bar{A}C) + 6\operatorname{Re}(\bar{A}D)$$
$$+ 2\operatorname{Re}(\bar{B}C) - 2\operatorname{Re}(\bar{B}D) - 2\operatorname{Re}(\bar{C}D) \tag{4-28}$$

$$I_{33} = 9|A|^2 + |B|^2 + |C|^2 + |D|^2 + 6\operatorname{Re}(\bar{A}B) - 6\operatorname{Re}(\bar{A}C) - 6\operatorname{Re}(\bar{A}D)$$
$$- 2\operatorname{Re}(\bar{B}C) - 2\operatorname{Re}(\bar{B}D) + 2\operatorname{Re}(\bar{C}D) \tag{4-29}$$

$$I_{34} = 9|A|^2 + |B|^2 + |C|^2 + |D|^2 - 6\operatorname{Re}(\bar{A}B) + 6\operatorname{Re}(\bar{A}C) - 6\operatorname{Re}(\bar{A}D)$$
$$- 2\operatorname{Re}(\bar{B}C) + 2\operatorname{Re}(\bar{B}D) - 2\operatorname{Re}(\bar{C}D) \tag{4-30}$$

因此，串行棱锥光学波前传感方法输出信号 $S_{\mathrm{four}x}$ 和 $S_{\mathrm{four}y}$ 分别为

$$S_{\mathrm{four}x} = I_0[-24\operatorname{Re}(\bar{A}C) - 8\operatorname{Re}(\bar{B}D)] \tag{4-31}$$

$$S_{\mathrm{four}y} = I_0[-24\operatorname{Re}(\bar{A}D) - 8\operatorname{Re}(\bar{B}C)] \tag{4-32}$$

$$\operatorname{Re}(\bar{A}C) = -\frac{f_1^6|u_0|^2}{4f_2^6\pi}\int_{-P(y)}^{P(y)}\frac{\sin\left\{\frac{2\pi}{\lambda}[\varphi(x,y)-\varphi(x',y)]\right\}}{x-x'}\mathrm{d}x' \tag{4-33}$$

$$\operatorname{Re}(\bar{B}D) = \frac{f_1^6|u_0|^2}{4f_2^6\pi^2}\int_{-P(x)}^{P(x)}\mathrm{d}y_2\int_{-y_0}^{y_0}\mathrm{d}y_1\int_{-P(y_1)}^{P(y_1)}\frac{\sin\left\{\frac{2\pi}{\lambda}[\varphi(x,y_2)-\varphi(x_1,y_1)]\right\}}{\pi^3(x-x_1)(y-y_1)(y-y_2)}\mathrm{d}x_1 \tag{4-34}$$

$$\operatorname{Re}(\bar{A}D) = -\frac{f_1^6|u_0|^2}{4f_2^6\pi}\int_{-P(y)}^{P(y)}\frac{\sin\left\{\frac{2\pi}{\lambda}[\varphi(x,y)-\varphi(x,y')]\right\}}{y-y'}\mathrm{d}y' \tag{4-35}$$

$$\operatorname{Re}(\bar{B}C) = \frac{f_1^6|u_0|^2}{4f_2^6\pi^2}\int_{-P(y)}^{P(y)}\mathrm{d}y_2\int_{-y_0}^{y_0}\mathrm{d}y_1\int_{-P(y_1)}^{P(y_1)}\frac{\sin\left\{\frac{2\pi}{\lambda}[\varphi(x_2,y)-\varphi(x_1,y_1)]\right\}}{\pi^3(x-x_1)(y-y_1)(x-x_2)}\mathrm{d}x_1 \tag{4-36}$$

其中，$I_0$ 为常数系数。

由以上对串行棱锥光学波前传感方法的傅里叶光学分析可知，当波前畸变较小时，串行棱锥输出信号与局部波前导数呈线性关系，即串行棱锥光学波前传感方法可以完成波前探测。

## 4.3　串行棱锥光学波前传感方法性能分析与关键技术

### 4.3.1　串行棱锥数学模型性能分析

本节对串行棱锥光学波前传感方法的数学模型进行阐述，同时对模型中的线性关系进行性能分析。串行棱锥光学波前传感方法在实际应用中，采用六边形微镜阵列作为分光元件，命名为串行三棱锥光学波前传感器。

串行三棱锥光学波前传感器由两个会聚透镜和一个六边形微反射拼接镜组成，其中微镜阵列需包含至少三个六边形微镜，深色表示翻转微镜，浅色表示未翻转，原理图如图 4.6 所示，步骤示意图如图 4.7 所示。微镜阵列放置在入射光瞳焦平面，且三块微镜的拼接中心刚好位于焦点处，入射光由微镜阵列反射后，经过会聚透镜，最终照射到 CCD 相机探测平面。探测平面与系统光瞳平面是共轭关系。

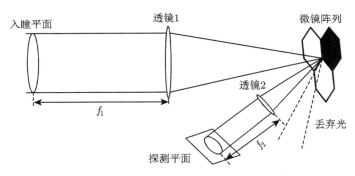

图 4.6　串行三棱锥光学波前传感器原理图

图 4.7　串行三棱锥光学波前传感器步骤示意图

我们定义输出信号 $D_{12}$、$D_{23}$、$D_{13}$ 如下：

$$D_{12} = \frac{I_1 - I_2}{I_1 + I_2} \tag{4-37}$$

$$D_{23} = \frac{I_2 - I_3}{I_2 + I_3} \tag{4-38}$$

$$D_{13} = \frac{I_1 - I_3}{I_1 + I_3} \tag{4-39}$$

其中，$I_1$、$I_2$、$I_3$ 分别为步骤 1、步骤 2 和步骤 3 中记录的光瞳面光强分布。

我们考虑当入射波前有畸变时的情况，从几何光学的角度讨论串行三棱锥输出信号与探测波前的线性关系。

当入射波前有畸变时 (图 4.8)，从光瞳任意一点 $T(u_0, v_0)$ 发出的光，将不会会聚到微镜阵列中心处，而是会聚到 $O(x_0, y_0)$，经微镜反射后，最终到达探测平面的点 $D(m_0, n_0)$。其中 $(u, v)$、$(x, y)$ 和 $(m, n)$ 分别为入瞳平面、焦平面和探测平面的坐标。如果只考虑入瞳平面上点 $T$ 周围的小区域波前，那么可以将这个小波前看作平面波。下文对串行三棱锥输出信号与探测波前线性关系的讨论集中于对 $D$ 点的输出数据和 $T$ 点的波前导数的关系分析。

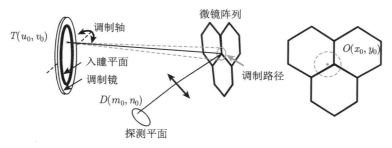

图 4.8　串行三棱锥线性关系分析原理示意图

为了增大串行三棱锥光学波前传感方法的动态范围，我们引入了调制串行棱锥的概念。可以通过在前置光路中加入快速反射镜，或者直接快速移动微镜阵列，来达到入射光斑在焦平面以固定路线移动的目的。通常调制路径为圆形。

将图 4.8 中右侧示意图放大并加上几何计算辅助线后如图 4.9 所示，即串行三棱锥光学波前传感方法探测原理焦平面简化示意图。假设调制路径是半径为 $r$ 的圆，圆心为 $O$。三块微镜的拼接中心标记为 $P(x_a, y_a)$，其中 $x_a$、$y_a$ 正比于 $T$ 点局部波前在 $x$、$y$ 轴方向的导数值。区域 1～3 对应步骤 1～3 翻转的六边形微镜。调制光路径与微镜的边相交于三点，分别标记为 $P_1(xp_1, yp_1)$、$P_2(xp_2, yp_2)$ 和 $P_3(xp_3, yp_3)$。

在几何光学中，$I_1$ 正比于周长与 $P_1P_3$ 弧长的差，具体表达式如下，其中 $\angle P_1OP_3$ 表示 $OP_1$ 与 $OP_3$ 间的夹角。

$$I_1 \propto r \cdot (2\pi - \angle P_1OP_3)$$

$$\propto 2r \cdot \left( \pi - \arcsin \left( \frac{\sqrt{(xp_1 - xp_3)^2 + (yp_1 - yp_3)^2}}{2r} \right) \right) \tag{4-40}$$

$$I_2 \propto \cdot r \cdot (2\pi - \angle P_1 O P_2)$$

$$\propto 2r \cdot \left( \pi - \arcsin \left( \frac{\sqrt{(xp_1 - xp_2)^2 + (yp_1 - yp_2)^2}}{2r} \right) \right) \tag{4-41}$$

$$I_3 \propto r \cdot (2\pi - \angle P_2 O P_3)$$

$$\propto 2r \cdot \left( \pi - \arcsin \left( \frac{\sqrt{(xp_2 - xp_3)^2 + (yp_2 - yp_3)^2}}{2r} \right) \right) \tag{4-42}$$

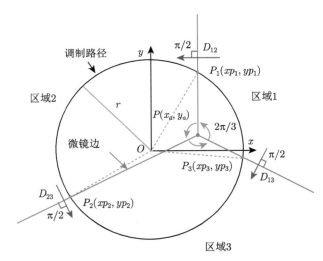

图 4.9  串行三棱锥光学波前传感方法探测原理的焦平面简化示意图

由此可知，讨论输出信号与波前导数关系的关键为 $(xp_1, yp_1)$，$(xp_2, yp_2)$ 和 $(xp_3, yp_3)$ 的表达式。

当局部波前畸变远小于调制半径时，即 $x_a$，$y_a$ 远小于 $r$，可得出如下表达式：

$$xp_1 = x_a \tag{4-43}$$

$$yp_1 = r \tag{4-44}$$

$$xp_2 = \frac{1}{4} x_a - \frac{\sqrt{3}}{4} y_a - \frac{\sqrt{3}}{2} r \tag{4-45}$$

$$yp_2 = -\frac{\sqrt{3}}{4}x_a + \frac{3}{4}y_a - \frac{1}{2}r \tag{4-46}$$

$$xp_3 = \frac{1}{4}x_a + \frac{\sqrt{3}}{4}y_a + \frac{\sqrt{3}}{2}r \tag{4-47}$$

$$yp_3 = \frac{\sqrt{3}}{4}x_a + \frac{3}{4}y_a - \frac{1}{2}r \tag{4-48}$$

我们将上述公式化简后得

$$I_1 \propto 2r \cdot \left(\pi - \arcsin\left(\frac{\sqrt{3}}{2}\sqrt{\frac{\left(\sqrt{3}r - x_a\right)^2 + \left(r - y_a\right)^2}{4r^2}}\right)\right) \tag{4-49}$$

$$I_2 \propto 2r \cdot \left(\pi - \arcsin\left(\frac{\sqrt{3}}{2}\sqrt{\frac{\left(\sqrt{3}r + x_a\right)^2 + \left(r - y_a\right)^2}{4r^2}}\right)\right) \tag{4-50}$$

$$I_3 \propto 2r \cdot \left(\pi - \arcsin\left(\frac{\sqrt{3}}{2}\sqrt{\frac{x_a^2 + \left(2r + y_a\right)^2}{4r^2}}\right)\right) \tag{4-51}$$

根据 arcsin 函数在零点的连续性，进行二维泰勒展开并忽略高阶项，而后将表达式代入 $D_{12}$、$D_{23}$、$D_{13}$ 代替其中的 $I_1$、$I_2$、$I_3$，最终可得

$$D_{12} \propto \frac{9}{8\pi} \cdot \frac{x_a}{r} \tag{4-52}$$

$$D_{23} \propto \frac{9}{16\pi} \cdot \frac{-x_a + \sqrt{3}y_a}{r} \tag{4-53}$$

$$D_{13} \propto \frac{9}{16\pi} \cdot \frac{x_a + \sqrt{3}y_a}{r} \tag{4-54}$$

由上述公式可知，输出信号正比于 $x_a$ 和 $y_a$，即局部波前较小时，串行三棱锥光学波前传感方法输出信号与探测波前导数有近似线性关系。进而可以通过计算串行棱锥光学波前传感方法输出信号估计波前畸变，从而实现波前探测过程。

### 4.3.2 串行棱锥波前复原技术

本节对串行棱锥光学波前传感技术中波前复原关键技术进行阐述。

在自适应光学系统中，无论前方是夏克-哈特曼光学波前传感器还是剪切干涉仪，传感器输出信号通常是以采样点或者子孔径处的局部波前平均斜率形式体现的。所以，可以把自适应光学系统看作是对有限数量的子孔径进行操作的控制系

统，根据这一假设，姜文汉和李新阳提出了直接斜率法，现在这个方法已经被广泛应用于自适应光学系统中。运用直接斜率法进行波前复原和校正时，直接操作的变量是子孔径内的平均斜率，而并不关心瞳面上的波前相位，这就降低了系统闭环校正时的计算量。从波前复原方法分类上看，直接斜率法属于区域重构法，而且有关实验结果证明，使用区域法虽然稳定性略差于模式复原法，但是校正结果更好。

我们采用一种像素灰度值合并的方法，对相机采集图像进行处理。这里以 7×7 分辨率 (图 4.10) 为例，说明像素灰度值合并的具体方法。由于系统光瞳限制 (图 4.10 红色圆圈)，首先将探测平面图像截取成 329×329 像素大小，再将其分割成 49 个小区域，称之为元素，每个元素包含 47×47 像素，对这 2209 个像素的灰度值求和，结果命名为该元素灰度值。图 4.10 中为合并后的 7×7 像素分辨率示意图，并保留质心在光瞳范围内的元素，最终有效元素为 37 个，如图 4.10 中深色方块所示。因此，串行三棱锥的输出信号向量 $\boldsymbol{D}=[D_{12}(x_1,y_1), D_{23}(x_1,y_1), D_{13}(x_1,y_1), \cdots , D_{12}(x_{37},y_{37}), D_{23}(x_{37},y_{37}), D_{13}(x_{37},y_{37})]$。

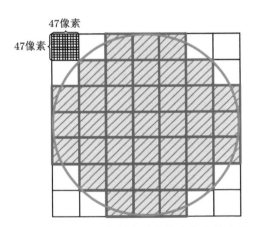

图 4.10　串行棱锥基于直接斜率法的像素灰度值合并示意图

在串行三棱锥闭环校正前，对变形镜促动器逐个加载电压，记录传感器输出信号 $D$，作为响应矩阵 $\boldsymbol{A}$ 的一列，组合所有的矩阵列即为响应矩阵，奇异值分解，求得广义逆矩阵，便获得重构矩阵 $\boldsymbol{M}$。

在理解像素灰度值合并的原理后，我们对探测平面图像分辨率的选取进行分析对比实验。分别选取分辨率为 33×33 像素，15×15 像素，7×7 像素，5×5 像素，3×3 像素，除 7×7 像素对应原图像为 329×329 像素外，其他四组原图像分辨率都是 330×330 像素。焦平面相机采集的图像采样率为 480×480 像素。通过直接斜率法获得不同分辨率下的复原矩阵，对入射波 RMS 值为 $0.462\lambda$ 的入射波

(图 4.11) 进行闭环校正，实验结果如图 4.12 所示。

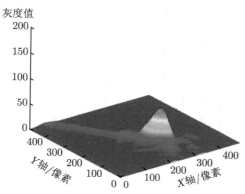

图 4.11　RMS=0.462λ 入射波焦平面图像 (闭环校正前)

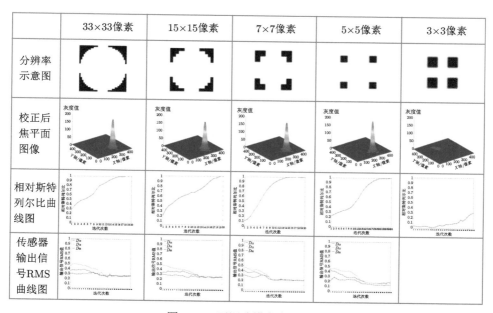

图 4.12　不同分辨率实验结果

我们定义了传感器输出信号 $D_{12}$、$D_{23}$、$D_{13}$ 的 RMS 值，作为观察迭代过程中输出信号波动幅度的测量指标，以 $D_{12}$ 为例，具体计算方法为

$$\mathrm{RMS\_} D_{12}\left(i\right)=\sqrt{\dfrac{\displaystyle\sum_{y=1}^{N}\sum_{x=1}^{N}\left[D_{12}\left(x,y,i\right)-m_0\left(i\right)\right]^2}{N^2}} \tag{4-55}$$

其中，$N$ 为当前分辨率下的有效元素数；$i$ 表示当前计算值为第 $i$ 次迭代；$m_0$ 表达式如下：

$$m_0\left(i\right)=\dfrac{\displaystyle\sum_{y=1}^{N}\sum_{x=1}^{N} D_{12}\left(x,y,i\right)}{N^2} \tag{4-56}$$

由以上结果可知，分辨率为 3×3 像素时，无法完成闭环校正实验，其他四组分辨率 33×33 像素，15×15 像素，7×7 像素，5×5 像素都可以完成对波前畸变的闭环校正任务。从相对斯特列尔比 (Strehl ratio) 来看，7×7 像素的实验结果略好于 33×33 像素和 15×15 像素，我们认为采样率增加的同时，测量误差也相应增大，进而导致大采样率情况下斯特列尔曲线平滑度更高，相比 5×5 像素情况，7×7 像素校正速度略快，这是因为对于促动器 5×5 像素分布的连续表面变形镜，探测平面采样率应略高于促动器个数，以便更精确地拟合波前相位。从传感器输出信号 RMS 值来看，校正回路进入平稳状态后，5×5 像素分布的三个输出信号 RMS 值略低于其他三种情况。综合以上结果，我们选取如图 4.10 所示的像素合并方法，对串行三棱锥光学波前传感器探测平面图像进行预处理，再应用直接斜率法获得重构矩阵。

## 4.4　串行棱锥光学波前传感技术应用实例

介绍一种应用串行棱锥光学波前传感技术探测波前的自适应系统，重点是光学波前传感器中的微镜阵列，以及作为波前校正器的 21 单元变形镜。实验结果证明，用六边形微镜阵列的串行三棱锥光学波前传感器可以有效完成波前探测与校正任务。

图 4.13 是串行三棱锥波前传感自适应光学系统实物图，图中红色直线标出了实验时的光路走向。光源为波长 632.8nm 的激光。系统中有两个光学波前传感器，分别为用六边形微镜阵列的串行三棱锥光学波前传感器和 37 单元夏克-哈特曼波前传感器。波前校正器为使用 21 元压电陶瓷促动器的连续表面变形镜，电压范围 0~110V，促动器运动范围 −5~ 5μm。焦平面相机和探测平面相机均为 Imaging Source 公司产品，最高分辨 1280×960 像素，最高帧频 60fps，像元尺寸 3.75μm × 3.75μm，接口 USB 3.0。

夏克-哈特曼光学波前传感器微透镜为 7×7 排列，在实际使用过程中，由于光瞳的限制，四个角上分别舍弃 3 个子孔径，则有效子孔径数为 37，每个子孔径平面光斑能量集中度大幅度提高。因此，串行三棱锥光学波前传感器可以闭环校正由 Zernike 多项式组合而成的畸变波前。

对于图 4.20 中的实验结果，入射波前 RMS 值为 $0.462\lambda$。此畸变波前是在变形镜 21 个促动器电压都为 55V 时，通过 37 单元夏克-哈特曼波前探测器测量得出。图 4.20(a)~(c) 为校正前数据，图 4.20(d)~(f) 为校正后数据，分别对应探测平面图像，传感器输出信号和焦平面光斑能量分布图。校正前后数据对比可知，校正后探测平面图像光能量分布更均匀，传感器输出信号方差有较明显减小，焦平面光斑能量集中度大幅度提高。因此，对于由变形镜随机产生的畸变波前，串行三棱锥光学波前传感器也可以完成闭环校正。

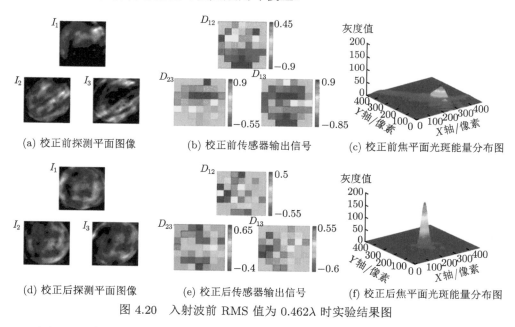

图 4.20　入射波前 RMS 值为 $0.462\lambda$ 时实验结果图

图 4.21 实验结果对应入射波前 RMS 值为 $1.086\lambda$。通常情况下天文领域地基自适应光学系统执行观测任务时，畸变波前 RMS 最大为 $1\lambda$ 左右。此畸变波前由 21 单元变形镜获得，各促动器电压分别为 56.50V、54.87V、54.56V、55.89V、53.72V、50.52V、54.96V、61.75V、57.98V、53.56V、45.47V、64.68V、48.50V、56.60V、75.82V、54.08V、43.24V、46.41V、70.80V、42.05V 和 52.58V。图 4.21(a)~(c) 为校正前数据，图 4.21(d)~(f) 为校正后数据，分别对应探测平面图像，传感器输出信号和焦平面光斑能量分布图。由图 4.21(c) 可知，校正前波前畸变较大，图像灰度值普遍偏低，焦平面已分辨不出光斑的具体位置，经过串行三棱锥回路闭环校正后，图 4.21(f) 中清晰可见焦面光斑，其能量集中度有显著提高。

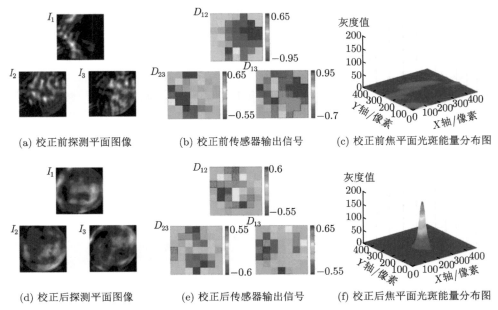

(a) 校正前探测平面图像　　　　(b) 校正前传感器输出信号　　　(c) 校正前焦平面光斑能量分布图

(d) 校正后探测平面图像　　　　(e) 校正后传感器输出信号　　　(f) 校正后焦平面光斑能量分布图

图 4.21　入射波前 RMS 值为 1.086λ 时实验结果图

　　图 4.22 给出了入射波前 RMS 值为 1.086λ 时残余波前斯特列尔比随迭代次数变化曲线图。由图可知，迭代后斯特列尔比明显提高，从 0.09 提高至 0.73。综合图 4.19~图 4.21 所示实验结果，可得出结论，基于六边形微镜阵列的串行三棱锥光学波前传感器可以很好地完成对静态像差的闭环校正，具有应用于地基大型望远镜校正大气湍流的潜力。

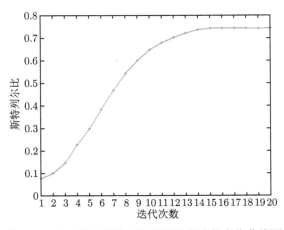

图 4.22　残余波前斯特列尔比随迭代次数变化曲线图

# 参 考 文 献

[1] 陈璐. 自适应光学棱锥波前传感方法研究 [D]. 长春：中国科学院长春光学精密机械与物理研究所, 2017.

[2] 张彦夫. 四棱锥波前传感技术研究 [D]. 长春：中国科学院长春光学精密机械与物理研究所，2014.

[3] Ragazzoni R. Pupil plane wavefront sensing with an oscillating prism[J]. Journal of Modern Optics, 1996, 43: 289-293.

[4] Ragazzoni R, Baruffolo A, Farinato J, et al. The final commissioning phase of the AdOpt@ TNG module [C]. Proc. SPIE, 2000, 4007: 57-62.

[5] Ghedina A, Gaessler W, Cecconi M, et al. Latest developments on the loop control system of AdOpt@TNG[C]. Proc. SPIE, 2004, 5490: 47-55.

[6] Cecconi M, Ghedina A, Bagnara P, et al. Status progress of AdOpt@TNG and offer to the international astronomical community [J]. Proc. SPIE, 2006, 6272: 1-8.

[7] Costa J, Feldt M, Wagner K, et al. Status report of PYRAMIR-A near-infrared pyramid wavefront sensor for ALFA [J]. Proc. SPIE, 2004, 5490: 1189-1199.

[8] Ligori S, Grimm B, Hippler S. Performance of PYRAMIR detector System [J]. Proc. SPIE, 2004, 5490: 1275-1278.

[9] Peter D, Baumeister H, Bizenberger P, et al. PYRAMIR: Construction and implementation of the world's first infrared pyramid sensor [J]. Proc. SPIE, 2006, 6272: 1-11.

[10] Feldt M, Peter D, Hippler S, et al. PYRAMIR: First on-sky results from an infrared pyramid wavefront sensor [J]. Proc. SPIE, 2006, 6272: 1-6.

[11] Arcidiacono C, Lombini M, Farinato J, et al. Toward the first light of the layer oriented wavefront sensor for MAD [J]. Mem. S.A.It, 2007,78: 708-711.

[12] Johnson J A, Kupke R, Gavel D, et al. Pyramid wavefront sensing: Theory and component technology development at LAO [J]. Proc. SPIE, 2006, 6272: 62724R.

[13] Bailey V, Vaitheeswaran V, Codona J, et al. Characterization of synthetic reconstructors for the pyramid wavefront sensor unit of LBTI [J]. Proc. SPIE, 2010, 7736: 77365G.

[14] Garcia-Rissmann A, Louar M. Performance evaluation of a SCAO system for a 42m telescope using the pyramid wavefront sensor [J]. Proc. SPIE, 2010, 7736: 77364B.

[15] Esposito S, Riccaedi A, Pinna E, et al. Large binocular telescope adaptive optics system: New achievements and perspectives in adaptive optics [J]. Proc. SPIE, 2011, 8149: 814902.

[16] Gale Wilson R. Wavefront-error evalution by mathematical analysis of experimental foucault-test data [J]. Applied Optics, 1975, 14(9): 2286-2297.

[17] Carbillet M, Verinaud C, Femen B, et al. Modelling astronomical adaptive optics-I. The software package CAOS[J]. Mon. Not. R. Astron. Soc., 2005, 356: 1263-1275.

[18] Verinaud C, Louarn M L. Simulation of extreme AO: A comparison between Shack Hartmann and pyramid based systems [J]. Proc. SPIE 5490, Advancements in Adaptive Optics, 2004: 1177-1188.

[19]  Arcidiacono C, Lombini M, Ragazzoni R, et al.  Layer oriented wavefront sensor for MAD on sky operations [J]. Proc. SPIE, 7015, 2008: 70155P.

[20]  Hill J M, Salinari P. The large binocular telescope project[J]. Proc. SPIE, 4837, 2003: 140-153.

[21]  Peter D, Feldt M. PYRAMIR: Exploring the on-sky performance of the world's first near-infrared pyramid wavefront sensor [J]. Publ. Astron. Soc. Pac., 2010, 122(887): 63-70.

[22]  Ghedina A, Cecconi M. On sky test of the pyramid wavefront sensor [J]. Proc. SPIE, 4839, 2003: 869-877.

[23]  Verinaud C. On the nature of the measurements provided by a pyramid wave-front sensor [J]. Optics Communications, 2004, 233: 27-38.

[24]  Esposito S, pinna E. Pyramid wavefront sensor at the William herschel telescope: Toward extremely large telescope[J]. The ING Newsletter, 2005, 10: 26-27.

[25]  IgJesias I, Ragazzoni R, Julien Y, et al. Extended source pyramid wave-front sensor for the human eye [J], Optics Express, 2002, 10: 419-429.

[26]  Stephane R, Dainty C. Adaptive optics for ophthalmic applications using a pyramid wavefront sensor[J]. Optics Express, 2006, 14: 518-526.

[27]  Esposito S, Devaney N. Segmented telescopes co-phasing using pyramid sensor[C]. Beyond Conventional Adaptive Optics, Venice, May 7-10, 2001, 4018: 320-332.

[28]  Esposito S, Pinna E, Tozzi A, et al. Co-phasing of segmented mirrors using pyramid sensor [J]. Proc. SPIE, 2003, 5169: 72-78.

[29]  Esposito S, Pinna E, Puglisi A, et al. Pyramid sensor for segmented mirror alignment [J]. Optics Express, 2005, 30: 2572-2574.

[30]  Pinna E, Quiros-Pacheco F, Esposito S, et al. Signal spatial filtering for co-phasing in seeing-limited conditions[J]. Optics Express, 2007, 32: 3465-3467.

[31]  王建新，白福忠，宁禹, 等. 无调制两面锥波前传感器的衍射理论分析和数值仿真 [J]. 物理学报，2011，60(2): 846-852.

[32]  Wang J, Bai F, Ning Y, et al, Wavefront response matrix for closed-loop adaptive optics system based on non-modulation pyramid wavefront sensor [J]. Optics Communications, 2012, 285: 2814-2820.

[33]  Wang J, Bai F, Ning Y, et al.  Comparison between non-modulation four-sided and two-sided pyramid wavefront sensor [J]. Optics Express, 2010, 18(26): 27534-27549.

[34]  赵圆. 衍射式棱锥波前传感器的技术研究 [D]. 太原：太原理工大学，2014.

[35]  陈欣杨, 朱能鸿. 基于四棱锥传感器的波前检测仿真设计 [J]. 天文学进展, 2006, 24(40): 362-372.

[36]  朱能鸿, 陈欣杨, 周丹, 等. 利用四棱锥传感器检测光学拼接镜的法向光程差 [J]. 传感技术学报, 2009, 22(3): 434-437.

# 第 5 章　多波前横向剪切干涉技术

## 5.1　剪切干涉技术概述

### 5.1.1　横向剪切干涉技术

1962 年，M. Murty 提出一种使用平行平板对待测波前进行分光，从而使两支分波前产生自相横向剪切干涉的方法 [2]。如图 5.1 所示，待测波前入射到沿 45° 倾斜放置的平行平板之后，分别在平行平板的前表面和后表面进行反射。在两个表面上产生两支相互错位的子波前，并且使得两支子波前产生横向剪切干涉。这种使用平行平板作为分光元件的方法具有操作简单，使用方便的特点，曾经被广泛应用。但基于平行平板的横向剪切干涉方法也有光能利用率不足，无法定量分析波前相位差的缺点。

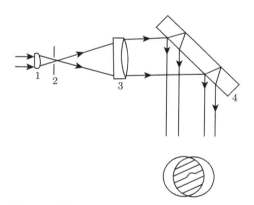

图 5.1　基于平行平板的横向剪切干涉方法

1-透镜; 2-光阑; 3-透镜; 4-平行平板

1985 年，Kothiyal 等搭建了一台横向剪切干涉装置 [3]，装置的主要部分为一个偏振分光棱镜和两个平面反射镜，其基本原理是使用偏振分光棱镜将待测波前分光之后，分别经过在特定位置放置的两个平面反射镜进行反射，便可使两支子波前产生错切干涉，得到一幅横向剪切干涉图。

1997 年，H. Schreiber 等使用光栅作为分光器件 [4]，使用了两块振幅光栅实现了波前分光和干涉，如图 5.2 所示，其中第一块光栅用来使待测波前分成两束子波前，而第二块光栅使两束子波前在发生一定的错切后变换至同样的出射方向，在观察平面获得了错切方向的干涉条纹。这种方案的局限之处在于必须通过光栅的直角旋转才能分别采集两个正交方向的剪切干涉图。

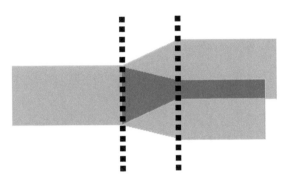

图 5.2　光栅型波前错切剪切干涉装置

2003 年，H. H. Lee 等提出一种使用两块锥形楔板作为移相方法 [5]，待测波前经过分光棱镜之后，反射光束入射至水平方向锥形楔板，经过分光和自相干涉之后反射到观察平面产生剪切干涉条纹，而透射光束入射至竖直方向的锥形楔板后，经过分光和自相干涉之后反射到观察平面的剪切干涉条纹 (与上述干涉条纹正交)，该种方案同样是在单个系统中同时获得正交方向的剪切干涉信息，避免了旋转器件造成的误差，可以一次得到两幅干涉条纹，但是其光学结构同样较为复杂，而且两块楔版加工精度的不一致也可能带来器件误差。

2004 年，Jae Bong Song 等提出基于锥形楔版的横向剪切方法 [6]，对平行平板进行改进，将其改为锥形的楔板，从而可以使干涉实验装置在进行波前分光的同时产生移相的效果。利用锥形楔板的厚度均匀变化的特性可以使分光波前相位产生平移，在剪切干涉的实验中，使用锆钛酸铅压电陶瓷 (piezoelectric，PZT)，使得锥形楔板沿着与待测波前垂直的方向缓慢移动，待测波前相位随着楔板厚度的持续变化实现移相效果，从而产生横向剪切干涉。锥形楔板剪切干涉法需要精确控制楔板厚度的变化量，并且使用锆钛酸铅压电陶瓷来精密限定锥形楔板的移动速度。

2005 年，Alfredo Dubra 等学者同时使用两块锥形楔板来进行基于偏振光原理的横向剪切干涉实验 [7]，当标准波前从待测目标表面反射回来产生畸变的时候，使待测波前通过一个偏振分光棱镜之后分为两支子波前，继而入射到两块放置在正交位置上的锥形楔板，其中第一块锥形楔板使两束子波前反射后发生剪切干涉，产生水平方向的干涉条纹，另一块锥形楔板反射出的两束子波前发生剪切干涉，产生垂直方向的干涉条纹，分别对两幅干涉图像进行解调便可获得畸变波前相位。使用两块锥形楔版可以同时采集正交方向上的剪切干涉条纹，避免了实验光路和仪器结构的调整，减小了操作误差，但是实验装置中使用较多的光学器件，光路转折次数高，光学结构也相对复杂。

2011 年，Vanusch Nercissian 等用多块光栅设计出一种能通过单次曝光获得波前相位信息的双波前剪切干涉方法 [8]。该方法使用两块相位光栅来同时获取两个正交方向上的剪切干涉图像。但是如果想要保证最终得到的两幅剪切干涉图的剪切量相同，必须选取周期完全一致，以及玻璃基底完全平行的两块相同的光栅。

传统的双波前横向剪切干涉技术具有如下的优点：不需要平面参考波前，因而避免了由参考波前带来的系统误差；双波前横向剪切干涉装置的结构相对更为简单，采用自相干涉的方法，不受振动带来的影响。然而，传统的双波前横向剪切干涉方法用于波前检测技术时也有如下的缺点：传统的双波前横向剪切干涉方法对待测波前进行干涉测量后，对最终获得的干涉条纹图像进行解调出的信息为波前相位的梯度，而不是直接获得波前相位信息，必须通过进一步的求解泊松方程的过程才可以获得波前相位，是一种间接的波前测量方法，而待测波前的相位重建至少要用到两幅互相正交的剪切干涉条纹，因此必须通过旋转器件或者分光等方法来实现，实验条件复杂，也易于产生系统误差。

### 5.1.2 多波前剪切干涉技术

传统双波前横向剪切法波前检测技术采用分光器件或者旋转干涉器件的方式来进行双光束干涉，其局限之处在于只能获得单个方向上的干涉信息，所以至少需要两张干涉图像才能正确获得波前。在认识到传统双波前横向剪切技术的不足之处后，国内外的研究者开始针对这一问题研究多波前的横向剪切干涉技术。

1993 年，J. Primot 等使用三棱锥分光棱镜，将待测波前分成三份，实现了三波前的横向剪切干涉方法 [9]。实验方案对于三棱锥分光棱镜的加工精度要求非常高，尤其是锥尖和锥边难以满足设计要求，因此最后实验的测量结果精度只达到了 PV 值 $\lambda/6$，仍然需要研究更佳的方案。

1995 年，J. Primot 等在采用之前的三棱锥棱镜式三波前横向剪切干涉实验方案的基础上，针对三棱锥棱镜加工精度要求过高的问题，重新设计并改进了三波前的分光器件 [10]，图 5.3 给出了使用光栅法得到的三波前横向剪切干涉图。新方案采用正六边形蚀刻结构的相位光栅将待测波前分成三份，并且保证了分割后的子波前波矢传播方向的精确性，改进后的方案率先使用了相位光栅作为分光器件，使得光栅法多波前横向剪切干涉成为可能。

随着研究者对多波前横向剪切干涉技术认识的逐渐深入，四波前横向剪切干涉技术也随之被开发出来，四波前横向剪切干涉技术只需要一幅干涉图便可以同时得到两个正交方向上的波前梯度，进而复原待测波前相位，与传统双波前横向剪切干涉技术相比，有更为简便，误差更小的测量优势。

2000 年，J. Primot 等在对夏克-哈特曼光学波前传感器理论研究的基础上，提出了一种改进的实验方案 [11]，并称之为四波前横向剪切干涉技术 (quadriwave lateral shearing interferometry，QWLSI)。其基本原理是在原有的哈特曼光阑的基础上叠加一种国际棋盘形状的相位光栅，抑制了一级以外的其他衍射级次，使得四支自相干涉的衍射子波前衍射效率最大化，实验结果表明这种改进的相位光栅可以有效提高四波前横向剪切技术的能量利用率和信噪比。

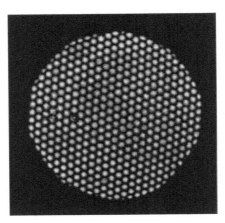

图 5.3　使用光栅法得到的三波前横向剪切干涉图

2011 年，Julien Rizzi 等研究者制造了一种能够在 X 射线波段下工作的四波前横向剪切光学波前传感器 [12]。这种新的光学波前传感器不需要小孔光阑来选择衍射级次，而是在相位解调的过程中实现，实验装置结构更为紧凑，实用性较高，有助于实现进一步的产品化，图 5.4 展示的即为使用该种四波前横向剪切干涉方案制造的光学波前传感器。

图 5.4　法国 Phasics 公司的 SID-4 光学波前传感器

2004 年，日本 Masanobu Hasegawa、Mitsuo Takeda 等设计出了在极紫外波段适用的四波前横向剪切干涉技术[13-16]。如图 5.5 所示，其中极紫外光源的波长为 13.5nm。这项技术使用一种正交型相位光栅将待测波前分割，并且在后置光路中使用小孔光阑来选取四支一级衍射子波前，在观察平面使得这四支子波前发生横向剪切干涉，得到了剪切干涉图像，并且解算出了极紫外波段下的入射波前。

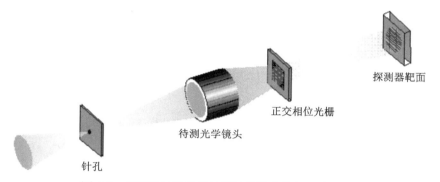

图 5.5 极紫外波段适用的四波前横向剪切干涉技术

## 5.2 多波前横向剪切干涉技术工作原理

为阐明多波前横向剪切干涉技术的基本原理，本节将从基于夏克-哈特曼光学波前传感器的二维衍射光栅模型出发，详述用于多波前干涉的衍射光栅特性。

### 5.2.1 基于夏克-哈特曼的二维衍射光栅模型

夏克-哈特曼光学波前传感器的几何原理如图 5.6 所示，在波前的分析平面上放置一组微透镜阵列，将入射的待测波前分解成为若干个子瞳孔，由此产生的子光束入射到同一个测量平面上，由于待测波前的局部倾斜，每个子光束的焦斑都将按照比例产生一定偏移。通过测量每个点的位置，我们就可以得到两个垂直方向的波前梯度[17]。

目前已经建立了多种数学模型来描述夏克-哈特曼光学波前传感器，所有的数学模型都是基于几何原理的描述来探究波前传感原理，其局限之处在于，基于几何原理描述的夏克-哈特曼光学波前传感器模型将每个微透镜子孔径与其相邻子孔径视为互相独立的关系，即使焦斑的总面积占据了相应检测区域的四分之一以上。

通过对相邻子孔径的衍射进行简单计算即可证明此种几何原理的近似有很大的误差。在本节中，我们从整个分析平面的角度来分析，将所有子孔径视为一个整体，同时计算所有微透镜的衍射效应，以改进通过几何原理描述的夏克-哈特曼

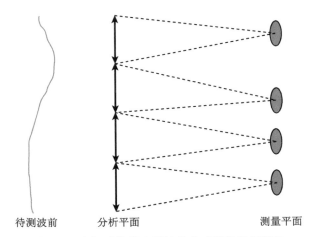

待测波前         分析平面                        测量平面

图 5.6  夏克-哈特曼光学波前传感器的几何原理

光学波前传感器的数学模型。其基本思想在于将微透镜阵列描述为二维衍射光栅，如图 5.7 所示。微透镜阵列的衍射效应将入射波前分成几份，被分解的波前之间波矢角度差为 $\lambda/p$，$\lambda$ 是入射波前的波长，$p$ 为相邻微透镜子孔径中心的间距。在测量平面上生成的焦斑集合可以视作被分解的多个波前的互相干涉，而夏克-哈特曼波前传感器近似的光栅级次与倾斜量、横向剪切角度、传播距离相关。因此，我们可以将夏克-哈特曼光学波前传感技术视作多波前剪切干涉技术的一种。此类剪切干涉技术的特点是在两个相互垂直的方向上分别进行波前干涉，从而获得波前梯度的二维图样 [1]。

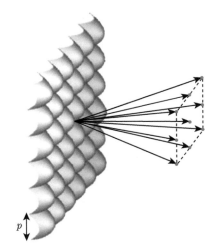

图 5.7  夏克-哈特曼光学波前传感器的二维衍射光栅模型

将微透镜阵列作为相位光栅，如 Roddier 所述，夏克-哈特曼光学波前传感器

可以视为一个光栅干涉仪。相位光栅的表达式可以用式 (5-1) 来表示

$$G(x,y) = \left[ \exp\left( \mathrm{i}\pi \frac{(x^2 + y^2)}{\lambda f_{\mathrm{ul}}} \right) \Pi_{p,p}(x,y) \right] * \mathrm{comb}_{p,p}(x,y) \qquad (5\text{-}1)$$

其中

$$\begin{cases} \Pi_{p,p}(x,y) = 1, & -\dfrac{p}{2} < x < \dfrac{p}{2}, -\dfrac{p}{2} < y < \dfrac{p}{2} \\ \Pi_{p,p}(x,y) = 0, & \text{其他} \end{cases} \qquad (5\text{-}2)$$

$p$ 是相邻微透镜子孔径中心的间距；$f_{\mathrm{ul}}$ 是微透镜的焦距；$\lambda$ 是入射波前的波长；$\mathrm{comb}_{p,p}(x,y)$ 是周期为 $p$ 的二维狄拉克梳状函数；$*$ 是卷积算符。

可知 $G(x,y)$ 是双周期函数，可以表示为

$$G(x,y) = \frac{1}{p^2} \sum_{n=-\infty}^{+\infty} \sum_{m=-\infty}^{+\infty} c_{n,m} \exp\left( \frac{2\mathrm{i}\pi}{p}(nx + my) \right) \qquad (5\text{-}3)$$

式 (5-3) 中

$$c_{n,m} = \int_{-\infty}^{\infty} \int_{-\infty}^{\infty} \Pi_{p,p}(x,y) \exp\left( \mathrm{i}\pi \frac{(x^2 + y^2)}{\lambda f_{\mathrm{ul}}} \right) \exp\left( -\frac{2\mathrm{i}\pi}{p}(nx + my) \right) \mathrm{d}x \mathrm{d}y \qquad (5\text{-}4)$$

$c_{n,m}$ 可以同样表示为

$$c_{n,m} = \mathrm{FT} \left[ \Pi_{p,p}(x,y) \exp\left( \mathrm{i}\pi \frac{(x^2 + y^2)}{\lambda f_{\mathrm{ul}}} \right) \right]_{\frac{n}{p}, \frac{m}{p}} \qquad (5\text{-}5)$$

对应于坐标 $\left( \dfrac{n}{p}, \dfrac{m}{p} \right)$ 下的傅里叶变换。

因此，式 (5-5) 可以表示为

$$c_{n,m} = \Psi_{\mathrm{ul}}\left( \frac{n}{p}, \frac{m}{p} \right) \qquad (5\text{-}6)$$

式 (5-6) 中

$$\Psi_{\mathrm{ul}}(u,v) = \left( \frac{\sin(\pi p u)}{\pi p u} \frac{\sin(\pi p v)}{\pi p v} \right) * \exp\left( \mathrm{i}\pi \lambda f_{\mathrm{ul}} (u^2 + v^2) \right) \qquad (5\text{-}7)$$

如果方形光栅 $G(x,y)$ 的入射波前为单波长平面波，那么透射的子波前会发生相互干涉，其中每个子波前都会有一定的角度偏差，如图 5.7 所示。

假设微透镜间距 $p$ 的尺度远大于波长，并且待测波前比相位光栅的振幅要小得多，那么可以将干涉图样视为透射子波前的自相干涉，其中每个子波前的波矢 $\boldsymbol{k}_{n,m}$ 可以表示为

$$\boldsymbol{k}_{n,m} = \frac{2\pi}{\lambda} \left( n\alpha, m\alpha, \sqrt{1 - (n^2 + m^2)\,\alpha^2} \right) \tag{5-8}$$

其中，$\alpha = \dfrac{\lambda}{p}$。

根据式 (5-8)，计算 $c_{n,m}$ 的值相对比较困难，但是我们可以发现，这个等式可以等效为光源 P 在 $f_{ul}$ 位置处发出的光经过尺寸为 $p$，$F$ 数为 1 的方形透镜后在 $(n\lambda, m\lambda)$ 处的振幅，如图 5.8 所示。

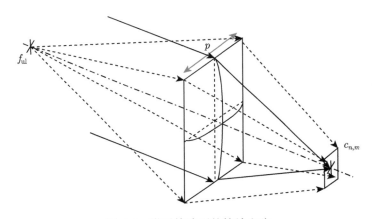

图 5.8　微透镜阵列的等效光路

根据式 (5-6) 的中卷积式的相对比率，我们可以将其分解成为两部分，第一部分为独立部分，它对应于具有低 $F$ 数的透镜，在这种情况下，无须考虑相邻微透镜的串扰；第二部分则为串扰部分。

考虑到如图 5.8 所示的类比，由于微透镜阵列对应于低 $F$ 数的透镜，我们可以发现，当 $f_{ul}$ 和 $p$ 相差不大时，可以将式 (5-5) 进一步简化。事实上，由于光源 P 处是离焦点，可以采用几何近似的方法，将式 (5-5) 表示为

$$\begin{cases} c_{n,m} = \exp\left( \mathrm{i}\pi \dfrac{\lambda f_{ul}}{p^2} \right), & |c_{n,m}| = 1, \quad -H < n < H, \quad -H < m < H \\ c_{n,m} = 0, & \text{其他} \end{cases} \tag{5-9}$$

其中

$$H = \mathrm{int}\left( \frac{p^2}{2\lambda f_{ul}} \right) \tag{5-10}$$

其中，int ( ) 表示取整的操作。

当光栅的入射波前为平面波时，在距离 $L$ 处的振幅分布 $A(x,y,L)$ 为

$$A(x,y,L) = G(x,y) * F(x,y,L) \tag{5-11}$$

其中，$F(x,y,L)$ 是菲涅耳函数

$$F(x,y,L) = \exp\left(-\frac{\mathrm{i}\pi}{\lambda L}\left(x^2 + y^2\right)\right) \tag{5-12}$$

将式 (5-12) 代入式 (5-5) 中，可得 $A(x,y,L)$ 的傅里叶变换 $\mathrm{FTA}(u,v,L)$ 为

$$\mathrm{FTA}(u,v,L) = \sum_{n=-H}^{H}\sum_{m=-H}^{H} c_{n,m}\exp\left(-\frac{\mathrm{i}\pi\lambda L}{p^2}\left(n^2 + m^2\right)\right)\delta\left(u-\frac{n}{p}, v-\frac{m}{p}\right) \tag{5-13}$$

其中，$\delta(u,v)$ 为狄拉克函数。

在微透镜的焦平面上，$L = f_{\mathrm{ul}}$，可将式 (5-13) 简化为

$$\mathrm{FTA}(u,v,f_{\mathrm{ul}}) = \delta\left(u-\frac{n}{p}, v-\frac{m}{p}\right) \tag{5-14}$$

则有

$$A(x,y,f_{\mathrm{ul}}) = \sum_{n=-H}^{H}\sum_{m=-H}^{H} \exp\left(\frac{2\mathrm{i}\pi}{p}(nx + my)\right) \tag{5-15}$$

因此，对于低 $F$ 数的夏克-哈特曼微透镜阵列，在测量平面得到的哈特曼图谱可以表示为振幅相同但传播方向稍有倾斜的几支子波前相互干涉形成的大小为 $(2H-1)\times(2H-1)$ 的干涉图样。

$H$ 对应于 $\kappa$ 的整数部分，而 $\kappa$ 可以表示为微透镜间距 $p$ 与单个微透镜在焦平面产生的光斑的宽度 $2\lambda f_{\mathrm{ul}}/p$ 的比值，所以 $\kappa$ 可以定义为压缩比率。

在这种情况下，子波前波矢量的末端对应于一个方形区域，方形区域的大小为

$$C_G = (2H+1)\alpha f_{\mathrm{ul}} \tag{5-16}$$

将式 (5-14) 代入式 (5-16)，当 $H$ 足够大时，$C$ 可以近似为

$$C_G \approx p \tag{5-17}$$

因此，对于小 $F$ 数的微透镜阵列，可以近似认为相邻微透镜之间不存在由衍射效应导致的干扰，此时夏克-哈特曼光学波前传感器可以由 Platt 和 Shack 提出的经典模型来描述。

夏克-哈特曼传感器的经典模型原理简单，易于理解，但是独立性假设在很多应用场合中往往是不成立的，这便意味着不能单纯只考虑哈特曼成像谱图的独立部分。例如，图 5.9 为当压缩比 $H = 4$ 时，即焦点为微透镜子孔径宽度的四分之一时，$c_{n,0}$ 的振幅。从图中可以看出，如果以不超过 10% 作为可以忽略的最大振幅，那么就会有超过两阶的不可忽略的振幅阶数。事实上，夏克-哈特曼传感器的独立性假设仅适用于压缩比 $H > 20$ 的情况。然而，对于大多数夏克-哈特曼传感器而言，$H$ 一般处在 $2 \sim 6$，尤其是 $H = 4$ 的情况比较多。也就是说，由于高带通和低光电平的限制，用于控制自适应光学的夏克-哈特曼传感器可用像素数比较低，具有较低的压缩比。

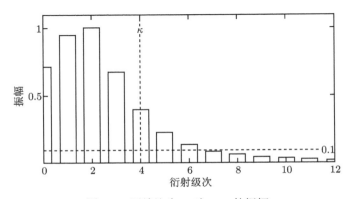

图 5.9　压缩比为 4 时 $c_{n,0}$ 的振幅

因此，在这种情况下，衍射级数 $H_{\mathrm{NG}} > H$，振幅 $A_{\mathrm{NG}}(x, y, f_{\mathrm{ul}})$ 可以表示为

$$
\begin{aligned}
A_{\mathrm{NG}}(x, y, f_{\mathrm{ul}}) = \sum_{n=-H_{\mathrm{NG}}}^{H_{\mathrm{NG}}} \sum_{m=-H_{\mathrm{NG}}}^{H_{\mathrm{NG}}} & c_{n,m} \\
& \times \exp\left(-\frac{\mathrm{i}\pi\lambda f_{\mathrm{ul}}}{p^2}\left(n^2 + m^2\right)\right) \exp\left(\frac{2\mathrm{i}\pi}{p}\left(nx + my\right)\right)
\end{aligned} \quad (5\text{-}18)
$$

对于大 $F$ 数的微透镜阵列，哈特曼谱图可以用 $(2H_{\mathrm{NG}} + 1) \times (2H_{\mathrm{NG}} + 1)$ 个振幅不等的待测波前子波前之间的相互干涉来描述。由波矢量末端定义的 $C_{\mathrm{NG}}$ 远大于 $p$。

表 5.1 为对于不同 $H$ 值，$H_{\mathrm{NG}}$ 和 $C_{\mathrm{NG}}$ 的大小对比。可以看出，如果 $H_{\mathrm{NG}}$ 定义为比最高的阶数不超过 10% 的阶数，夏克-哈特曼光学波前传感器的独立性假设将不再成立，因为相应地哈特曼谱图有很大一部分来源于比子孔径大很多的照明区域。

表 5.1 对于不同 $H$ 值，$H_{\mathrm{NG}}$ 和 $C_{\mathrm{NG}}$ 的大小对比

| $H$ | $H_{\mathrm{NG}}$ | $C_{\mathrm{NG}}$ |
|---|---|---|
| 2 | 4 | 2.5 |
| 4 | 7 | 2 |
| 6 | 10 | 1.8 |
| 10 | 15 | 1.6 |
| 20 | 27 | 1.4 |
| 50 | 62 | 1.2 |

如上所述，假设待测波前的畸变幅度比较小，我们可以将夏克-哈特曼光学波前传感器视作一个多波前剪切干涉仪，通过对不同幅度的子波前的衍射，使其在 $X$ 和 $Y$ 方向上倾斜。因此，在一般情况下，对于强度均匀的入射波前，测量平面的振幅为

$$
\begin{aligned}
&A_{\mathrm{ANA}}(x,y)\\
&= \sum_{n=-H_1}^{H_2}\sum_{m=-H_1}^{H_2} c_{n,m}\exp\left(-\frac{\mathrm{i}\pi\lambda}{2H}\left(n^2+m^2\right)\right)\exp\left(\mathrm{i}\Phi\left(x+\frac{np}{2H},y+\frac{mp}{2H}\right)\right)\\
&\quad\times \mathrm{Support}\left(x+\frac{np}{2H},y+\frac{mp}{2H}\right)\exp\left(\frac{2\mathrm{i}\pi}{p}(nx+my)\right)
\end{aligned}
\tag{5-19}
$$

其中，$H_1$ 等于 $H$ 或者 $H_{\mathrm{NG}}$；Support $(x,y)$ 为光瞳面的透光部分。

从简化的角度考虑，我们假设光瞳面足够大，即夏克-哈特曼有大量的子孔径数量，在这种情况下，$A_{\mathrm{ANA}}(x,y)$ 可以近似为

$$
\begin{aligned}
A_{\mathrm{ANA}}(x,y) &= \sum_{n=-H_{\mathrm{NG}}}^{H_{\mathrm{NG}}}\sum_{m=-H_{\mathrm{NG}}}^{H_{\mathrm{NG}}} c_{n,m}\exp\left(-\frac{\mathrm{i}\pi}{2H}\left(n^2+m^2\right)\right)\\
&\quad\times \exp\left(\mathrm{i}\Phi\left(x+\frac{np}{2H},y+\frac{mp}{2H}\right)\right)\exp\left(\frac{2\mathrm{i}\pi}{p}(nx+my)\right)
\end{aligned}
\tag{5-20}
$$

接下来我们便可以计算测量平面中独立部分和串扰部分的强度。对于独立部分而言，它相当于夏克-哈特曼光学波前传感器的经典模型，因此其强度 $I_G(x,y)$ 为

$$
\begin{aligned}
I_G(x,y) &= \sum_{n,m=-H}^{H}\sum_{n'}^{H}\exp\left(\mathrm{i}\left(\Phi\left(x+\frac{np}{2H},y+\frac{mp}{2H}\right)-\Phi\left(x+\frac{n'p}{2H},y+\frac{m'p}{2H}\right)\right)\right)\\
&\quad\times \exp\left(\frac{2\mathrm{i}\pi}{p}\left((n-n')x+(m-m')y\right)\right)
\end{aligned}
\tag{5-21}
$$

假设待测波前的采样率足够高，也就是说它在子孔径的尺度上变化很小，那

么有

$$\Phi\left(x + \frac{np}{2H}, y + \frac{mp}{2H}\right) = \Phi(x, y) + \frac{np}{2H}\frac{\partial\Phi}{\partial x}(x, y) + \frac{mp}{2H}\frac{\partial\Phi}{\partial y}(x, y) \tag{5-22}$$

由式 (5-21) 和式 (5-22)，令 $k = n - n'$，$l = m - m'$，那么有

$$I_G(x, y) = \sum_{k=-2H}^{2H}\sum_{l=-2H}^{2H}\mathrm{Harm}_{k,l}(x, y)\exp\left(\frac{2\mathrm{i}\pi}{p}(kx + ly)\right) \tag{5-23}$$

其中

$$\mathrm{Harm}_{k,l}(x, y) = (2H + 1 - |k|)(2H + 1 - |l|)$$
$$\times \exp\left(\mathrm{i}\frac{p}{2H}\left(k\frac{\partial\Phi}{\partial x}(x, y) + l\frac{\partial\Phi}{\partial y}(x, y)\right)\right) \tag{5-24}$$

式 (5-24) 的傅里叶变换为

$$\mathrm{FT}I_G(u, v) = \sum_{k=-2H}^{2H}\sum_{l=-2H}^{2H}\mathrm{FTHarm}_{k,l}(u, v) * \delta\left(u - \frac{k}{p}, v - \frac{l}{p}\right) \tag{5-25}$$

式中，$\mathrm{FTHarm}_{k,l}(u, v)$ 是 $\mathrm{Harm}_{k,l}(x, y)$ 的傅里叶变换。$I_G$ 的频谱包含了 $(4H + 1)^2$ 份 $\mathrm{FTHarm}_{k,l}(u, v)$，分布在间距为 $1/p$ 的正方形网格的顶点处。

然而，此处的假设约束性极强，尤其是对于 +1 级的衍射级次，如 $\mathrm{Harm}_{1,0}(x, y)$ 可以表示为

$$\mathrm{Harm}_{1,0}(x, y)$$
$$= \sum_{n=-H}^{H-1}\sum_{m=-H}^{H}\exp\left(\mathrm{i}\left(\Phi\left(x + \frac{np}{2H}, y + \frac{mp}{2H}\right) - \Phi\left(x + \frac{(n+1)p}{2H}, y + \frac{mp}{2H}\right)\right)\right) \tag{5-26}$$

假设 $\Phi$ 在 $p/H$ 的尺度上近似不变，$\mathrm{Harm}_{1,0}(x, y)$ 可以近似写为

$$\mathrm{Harm}_{1,0}(x, y)$$
$$= \sum_{n=-H}^{H-1}\sum_{m=-H}^{H}\left[1 + \mathrm{i}\left(\Phi\left(x + \frac{np}{2H}, y + \frac{mp}{2H}\right) - \Phi\left(x + \frac{(n+1)p}{2H}, y + \frac{mp}{2H}\right)\right)\right] \tag{5-27}$$

因而有

$$\mathrm{Harm}_{1,0}(x,y) = 2H(2H+1) + \mathrm{i} \sum_{m=-H}^{H} \left[ \Phi\left(x - \frac{p}{2}, y + \frac{mp}{2H}\right) - \Phi\left(x + \frac{p}{2}, y + \frac{mp}{2H}\right) \right]$$

(5-28)

当 $H$ 足够大时，$\mathrm{Harm}_{1,0}(x,y)$ 的虚部与微透镜子孔径的两个相对应边上的平均相位的差成正比

$$\mathrm{Im}\left(\mathrm{Harm}_{1,0}(x,y)\right) \propto \int_{-\frac{p}{2}}^{\frac{p}{2}} \left[ \Phi\left(x - \frac{p}{2}, y\right) - \Phi\left(x + \frac{p}{2}, y\right) \right] \mathrm{d}y$$

(5-29)

同理，对于 $\mathrm{Harm}_{k,l}(x,y)$，在 $\eta_{k,l}$ 尺度下相位的变化可忽略不计的前提下，有

$$\eta_{k,l} = \left( \frac{kp}{H}, \frac{lp}{H} \right)$$

(5-30)

应当指出的是，+1 级衍射级次的虚部与通过夏克-哈特曼光学波前传感器的几何模型推导出来的结果相同。

在通常情况下，微透镜测量平面上观测到的光强 $I_G(x,y)$ 可以表示为

$$I_G(x,y) = \sum_{n,m=-H_{\mathrm{NG}}}^{H_{\mathrm{NG}}} \sum_{n',m'=-H_{\mathrm{NG}}}^{H_{\mathrm{NG}}} \gamma_{n,m}\gamma_{n',m'}^* \exp\left( \mathrm{i}\left( \Phi\left(x + \frac{np}{2H}, y + \frac{mp}{2H}\right) \right. \right.$$
$$\left. \left. -\Phi\left(x + \frac{n'p}{2H}, y + \frac{m'p}{2H}\right) \right) \right) \times \exp\left( \frac{2\mathrm{i}\pi}{p}\left( (n - n')x + (m - m')y \right) \right)$$

(5-31)

其中

$$\gamma_{n,m} = \Psi_{\mathrm{ul}}\left( \frac{n}{p}, \frac{m}{p} \right) \exp\left( -\frac{\mathrm{i}\pi}{2H}\left(n^2 + m^2\right) \right)$$

(5-32)

$\gamma_{n,m}^*$ 是 $\gamma_{n,m}$ 的复共轭。

当待测波前在 $p_{\mathrm{NG}}$ 的尺度下变化很小时，其中

$$p_{\mathrm{NG}} = \frac{H_{\mathrm{NG}}}{H}p$$

(5-33)

采用相同的计算过程，可以得到

$$I_{\mathrm{NG}}(x,y) = \sum_{k=-H_{\mathrm{NG}}}^{H_{\mathrm{NG}}} \sum_{l=-H_{\mathrm{NG}}}^{H_{\mathrm{NG}}} \mathrm{Harm}_{k,l}^{\mathrm{NG}}(x,y) \exp\left( \frac{2\mathrm{i}\pi}{p}(kx + ly) \right)$$

(5-34)

其中

$$\mathrm{Harm}_{k,l}^{\mathrm{NG}}(x,y) = \Gamma_{\mathrm{ul}}\left(\frac{k}{p},\frac{l}{p}\right)\exp\left(\mathrm{i}\frac{p}{2H}\left(k\frac{\partial\Phi}{\partial x}(x,y) + l\frac{\partial\Phi}{\partial y}(x,y)\right)\right)$$

$$\Gamma_{\mathrm{ul}}(u,v) = \left(\Psi_{\mathrm{ul}}(u,v)\exp\left(-\frac{\mathrm{i}\pi}{2H}\left(u^2+v^2\right)\right)\right)$$

$$\otimes\left(\Psi_{\mathrm{ul}}(u,v)\exp\left(-\frac{\mathrm{i}\pi}{2H}\left(u^2+v^2\right)\right)\right) \tag{5-35}$$

式中，$\otimes$ 为自相关。

然而，现在所作的近似是非常苛刻的，例如，当 $H=4$ 的时候，相位的变化量被假定为小于微透镜子孔径的两倍。

如果我们只考虑 $\pm 1$ 级衍射级次，与式 (5-35) 中所作的假设相同，在 $p/H$ 的尺度上相位变化可以忽略不计，那么有

$$\mathrm{Im}\left(\mathrm{Harm}_{1,0}^{\mathrm{NG}}(x,y)\right)$$

$$= \sum_{n=-H_{\mathrm{NG}}}^{H_{\mathrm{NG}}}\sum_{m=-H_{\mathrm{NG}}}^{H_{\mathrm{NG}}}\frac{p}{2H}\mathrm{Re}\left(\gamma_{n,m}\gamma_{n+1,m}^*\right)\frac{\partial\Phi}{\partial x}\left(x+\frac{np}{2H},y+\frac{mp}{2H}\right) \tag{5-36}$$

相比于前面的独立性假设，式 (5-36) 是连续的局部相位导数的加权之和。当 $H_{\mathrm{NG}}$ 较小时，式 (5-36) 中的积分不再成立，此外，当 $H_{\mathrm{NG}}$ 比 $H$ 大得多时，包含相位变化量的权重在测量平面上的尺寸远大于单个微透镜子孔径的尺寸。随着衍射级次的增大，振幅随之减小，权重只对 $\pm 1$ 级衍射级次有意义。图 5.10 为 $H=4$ 时 $\pm 1$ 级衍射级次在 $x$ 轴方向上的权重函数。

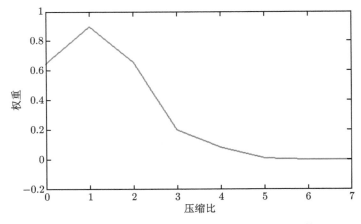

图 5.10　$\pm 1$ 级衍射级次在 $x$ 轴方向上的权重函数

在本节中，我们通过推导证明，夏克-哈特曼的经典几何模型在大多数应用场合中并不适用，事实上，微透镜的独立单元假设在很多情况下不成立，因为它意味着压缩比 (间距和焦点大小之间的比例) 大于 20。对于普遍情况下的压缩比 (通常是在 2~8)，使用传统的质心算法得到的相位导数与实际值成正比，比值为权重函数。权重函数的整体形式表明，由微透镜阵列衍射的高阶次衍射对哈特曼谱图没有明显的影响。另一方面，它与经典模型预测的加权函数有很大的不同。

通过对哈特曼谱图的分析，我们发现，将周期斜率函数替换为一个基本的正弦函数便可以减小在大多数场合下的混叠效应，因为只有 ±1 级衍射被考虑在内。

上述基于衍射光学的夏克-哈特曼光学波前传感器模型表明，通过简单的几何方法分析波前结果并不精确，而将夏克-哈特曼光学波前传感器视作光栅干涉仪的模型可以更有效地分析其中的精度和误差，为其他的光学波前传感器如多波前剪切干涉仪提供了理论基础。

### 5.2.2 三波前横向剪切干涉技术数学模型

三波前横向剪切干涉技术使用了一种分光器件将待测波前分成三份子波前，其中每支子波前与原传播方向即 $z$ 轴的夹角均相同，每两支子波前之间的夹角也完全相同。将探测器放置在与待测波前传播方向垂直的平面上，便可以获得三支子波前互相干涉产生的干涉条纹[18−21]。三支子波前的波矢传播方向，如图 5.11所示。

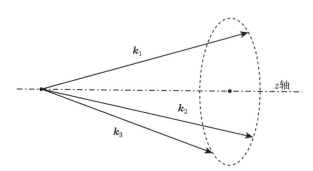

图 5.11 三波前横向剪切干涉子波前的波矢传播方向示意图

在对光强传输方程进行理论分析的基础上，本节接下来将会详细介绍干涉图测量和处理方法，并且给出待测波前采样和误差测量的评价方法。

在入射至分光器件之前，待测波前的复振幅可以表示为

$$A(x) = \sqrt{I(x)} \exp[\mathrm{i}\varphi(x)] \tag{5-37}$$

式中，$\varphi(x)$ 为待测波前。

那么在通过分光器件之后待测波前的三支子波前的复振幅可以表示为

$$A_i(x) = \sqrt{I(x)} \exp\left\{ i\left[ \varphi(x) + \boldsymbol{k}_i \cdot \boldsymbol{x} \right] \right\} \tag{5-38}$$

式中，$\boldsymbol{k}_i$ 为第 $i$ 支子波前的波矢，$\boldsymbol{k}_i$ 的模与波长成反比，$||\boldsymbol{k}_i|| = k = \dfrac{2\pi}{\lambda}$。

在观察平面，三支子波前产生自相干涉，形成的复振幅 $A_{pr}$ 为

$$A_{pr}(x) = \sum_{i=1}^{3} A_i(x) = \sqrt{I_{pr}(x)} \exp[i\Phi(x)] \tag{5-39}$$

其中

$$
\begin{aligned}
I_{pr}(x) &= I(x)M(x) \\
M(x) &= 3 + \sum_{\substack{i=1 \\ i \neq j}}^{3} \exp\left[ i\left( \boldsymbol{k}_i - \boldsymbol{k}_j \right) \cdot x \right] \\
\Phi(x) &= \varphi(x) + \Psi(x) \\
\Psi(x) &= \text{phase} \left[ \sum_{i=1}^{3} \exp\left( i k_i \cdot x \right) \right]
\end{aligned}
\tag{5-40}
$$

根据光强传输方程，在 $z$ 轴方向上由于横向变化引起的光强变化为

$$-k\frac{\partial I_{pr}}{\partial z}(x) = \nabla I_{pr}(x) \cdot \nabla \Phi(x) + I_{pr}(x)\nabla^2 \Phi(x) \tag{5-41}$$

式中，$\nabla$ 为微分算符。

在沿着传播轴 $z$ 轴的方向上，如果待测相位为标准平面波，那么其光强分布也应该是均匀的，则有

$$\boldsymbol{k}_i \cdot \boldsymbol{z} = k\cos\alpha, \quad \forall(i,i) = 1,3 \tag{5-42}$$

其中，$\alpha$ 是波矢 $\boldsymbol{k}_i$ 与 $z$ 轴之间的夹角，接下来，我们可以得到

$$\nabla I_{pr}(x) \cdot \nabla \Psi(x) + I_{P_r}(x)\nabla^2 \Psi(x) = 0 \tag{5-43}$$

因此，有

$$-k\frac{\partial I_{pr}}{\partial z}(x) = \nabla I_{P_r}(x) \cdot \nabla \varphi(x) + I_{pr}(x)\nabla^2 \varphi(x) \tag{5-44}$$

干涉条纹 $I_{P_0}$ 是在与平面 $P_r$ 距离为 $L$ 的平面 $P_0$ 处观察得到的光强分布, 由式 (5-44) 得

$$I_{P_0}(x) = I_{P_r}(x) - \frac{L}{k} \left[ \nabla I_{P_r}(x) \cdot \nabla \varphi(x) + I_{P_r}(x) \nabla^2 \varphi(x) \right] \tag{5-45}$$

由式 (5-41) 和式 (5-44), 可得

$$I_{P_0}(x) = I(x) \left\{ 3f(x) + \sum_{\substack{i\,j=1 \\ i \neq j}}^{3} \left[ f(x) - \mathrm{i}\alpha L \frac{\partial \varphi}{\partial u_{ij}}(x) \right] \times \exp\left[ \mathrm{i}\,(k_i - k_j) \cdot x \right] \right\} \tag{5-46}$$

式中

$$f(x) = 1 - \frac{L}{kI(x)} \left[ \nabla I(x) \cdot \nabla \varphi(x) + I(x) \nabla^2 \varphi(x) \right] \tag{5-47}$$

$\dfrac{\partial \varphi}{\partial u_{ij}}$ 是波前相位 $\varphi$ 的偏微分, 且有 $\boldsymbol{u}_{ij} = \dfrac{1}{k}\,(\boldsymbol{k}_i - \boldsymbol{k}_j)$ 为平面 $P_0$ 上的单位向量。因此, 由式 (5-47) 得

$$(\boldsymbol{k}_i - \boldsymbol{k}_j) \cdot \boldsymbol{z} = k \cos \alpha, \quad \forall (i,j) \quad i = 1,3, \quad j = 1,3 \tag{5-48}$$

$I_{P_0}$ 的傅里叶变换 $\tilde{I}_{P_0}$ 为

$$\tilde{I}_{P_0}(\boldsymbol{v}) = I(\boldsymbol{v}) * \left\{ 3\tilde{f}(\boldsymbol{v}) + \sum_{\substack{i=1 \\ i \neq j}}^{3} \left[ \tilde{f}(\boldsymbol{v}) - \mathrm{i}\alpha L \tilde{\varphi}_{ij}(\boldsymbol{v}) \right] * \delta\,(\boldsymbol{v} - u_{ij}) \right\} \tag{5-49}$$

式中, $\boldsymbol{v}$ 为傅里叶频域的矢量; $\tilde{\varphi}_{ij}(\boldsymbol{v})$ 为 $\dfrac{\partial \varphi}{\partial u_{ij}}\,(x)$ 的傅里叶变换; $*$ 是卷积符号; $\delta$ 为狄拉克函数。

图 5.12 为三波前横向剪切干涉装置光路图。如果我们假设 $f$ 和 $I$ 的傅里叶变换在空间频率上的函数迅速下降, 那么这个看起来稍显复杂的函数便可以分割成七个子衍射来表示。如果待测波前在空间上的光强变化频率不太大, 那么这些子衍射便会彼此相互分离。然后我们使用频率滤波器提取出这些次级衍射的频谱, 并且计算出它们的傅里叶变换, 一共可以得到七个方程。其中第一个位于中央位置, 与零级衍射有关

$$H_{00}(x) = 3I(x)f(x) \tag{5-50}$$

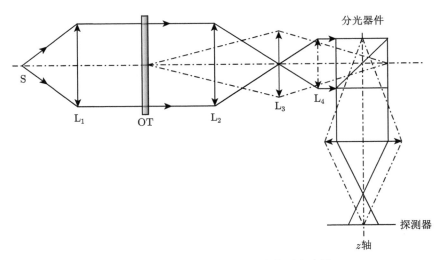

图 5.12　三波前横向剪切干涉装置光路图

S-激光光源; $L_1 \sim L_4$-准直或会聚透镜; OT-相位透射板

其他子衍射为

$$H_{ij}(x) = I(x)\left[f(x) - \mathrm{i}\alpha L \frac{\partial\varphi}{\partial u_{ij}}(x)\right], \quad i \neq j \tag{5-51}$$

其中这六个子衍射表达式的实部与 $H_{00}(x)$ 成正比，而虚数部分与三个不同方向上的 $u_{ij}$ 的导数成正比

$$\begin{aligned}
\mathrm{Re}\left[H_{ij}(x)\right] &= I(x)f(x) \\
\mathrm{Im}\left[H_{ij}(x)\right] &= -\alpha L I(x)\frac{\partial\varphi}{\partial u_{ij}}(x)
\end{aligned} \tag{5-52}$$

　　然而，虚数部分也与复振幅的局部辐照度成正比，这实际上是所有的多波前横向剪切干涉仪常见的问题。

　　因此我们使用子衍射的实部作为分析复振幅强度的参考数据，事实上，$f(x)$ 的第二部分等于与此复振幅相关的光强传送方程

$$f(x) = 1 - \frac{L}{I(x)}\frac{\partial I}{\partial z}(x) \tag{5-53}$$

　　如果忽略 $I(x)$ 在传播距离 $L$ 上面产生的自由传播衍射，那么 $f$ 便可以认为等于 1。事实上，这种假设与其他模式的多波前横向剪切干涉仪是相通的，即辐

照度或者相位空间的波动在传播距离 $L$ 的尺度上可以忽略不计。因此产生的干涉条纹在样品平面和观察平面几乎是相同的。因为在这些平面之间，菲涅耳衍射可以忽略不计。

根据以上假设，由式 (5-53)，$H_{ij}$ 可以表示为

$$H_{ij}(x) = I(x) \exp\left[-\mathrm{i}\left(\alpha L \frac{\partial \varphi}{\partial u_{ij}}\right)\right] \tag{5-54}$$

光强则等于式 (5-54) 的模量，相位梯度等于式 (5-54) 的相位

$$I(x) = \|H_{ij}(x)\|$$
$$\frac{\partial \varphi}{\partial u_{ij}}(x) = \frac{1}{L\alpha} \mathrm{phase}\left[H_{ij}(x)\right] \tag{5-55}$$

这种推导相位梯度的方法是非常有效和有用的，例如，仅需要减去安装的光学元件的子衍射频谱 $H_{ij}^{s}$ 与通过了待测波前的子衍射频谱 $H_{ij}^{\omega *}$ 的乘积便可以获得待测波前的相位梯度，三波前剪切干涉频谱图的子衍射分布如图 5.13 所示。

$$\frac{\partial \varphi}{\partial u_{ij}}(x) = \mathrm{phase}\left(H_{ij}^{s} H_{ij}^{\omega *}\right) \tag{5-56}$$

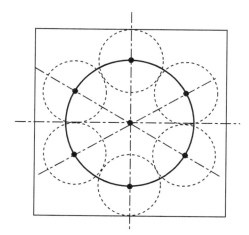

图 5.13　三波前剪切干涉频谱图的子衍射分布

中心较大的圆为零级衍射 $H_{00}$ 范围，而周围六个较小的圆为次级衍射 $H_{ij}$ 范围

本节通过数学工具推导了三波前横向剪切方法的理论模型，分析了干涉图样的频谱分布，结果表明该种方案可以探测得到波前相位的梯度分布，其中剪切干涉原理为使用分光器件将待测波前分成三份，实现了三波前的横向剪切干涉方法，

然而该实验方案对于三棱锥分光棱镜的加工精度要求非常高，并且在相位梯度解算的过程中由于采用了多种近似手段，其相位复原的误差也会比较大，仍需探索更为精确与简便的多波前剪切干涉方法。

### 5.2.3　四波前横向剪切干涉技术数学模型

四波前横向剪切干涉技术使用了一种改进的位相型哈特曼光阑 (modified Hartmann mask，MHM) 将待测光分成四支衍射光束，进而产生自相干涉的效果 [22]。该光栅由周期为 $p$，透光圆孔直径为 $d = 2p/3$ 的哈特曼光阑和周期为 $2p$ 的棋盘型相位光栅两部分叠加组成，其中，位相性光栅的相位差为 $\pi$。两者组合后的效果如图 5.14 所示，其中白色代表全透光，黑色代表不透光部分，灰色为半波长相位延迟部分。

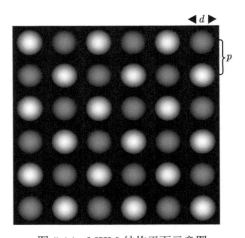

图 5.14　MHM 结构平面示意图

这种相位光栅的干涉又名为四波前横向剪切干涉，其原理如图 5.15 所示。其

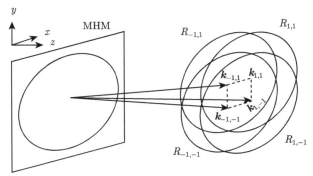

图 5.15　四波前横向剪切干涉原理

中 $\boldsymbol{k}_{i,j}$ 为四支参与干涉的波矢，$R_{i,j}$ 为波矢在观测屏产生的光场。这种相位光栅充分利用了衍射光的能量，可以使 $\boldsymbol{k}_{i,j}\,(i,j=\{-1,1\})$ 四支衍射光束最大达到 90% 的衍射效率[23]。

如果只考虑 $(\pm1,\pm1)$ 级衍射光束，棋盘型相位光栅的振幅透射率为

$$t(x,y) = \cos\left(\frac{\pi x}{p}\right) \cdot \cos\left(\frac{\pi y}{p}\right) \tag{5-57}$$

式中，$(x,y)$ 为空间坐标；$p$ 为光阑周期。

那么对应的光强透射率为

$$T(x,y) = |t(x,y)|^2 = \frac{1}{4}\left\{1 + \left[\cos\left(\frac{2\pi}{p}x\right) + \cos\left(\frac{2\pi}{p}y\right)\right] \right.$$
$$\left. + \frac{1}{2}\left[\cos\left(\frac{2\pi}{p}(x+y)\right) + \cos\left(\frac{2\pi}{p}(x-y)\right)\right]\right\} \tag{5-58}$$

光在空间中的传播可以用复振幅来表示

$$A(r) = \sqrt{I(r)}\exp(\mathrm{i}[\boldsymbol{k}\cdot\boldsymbol{r} - \varphi(\boldsymbol{r})]) \tag{5-59}$$

式中，$\boldsymbol{r}$ 是空间方位矢量；$\boldsymbol{k}$ 为波矢；$I$ 为光场强度；$\varphi$ 为相位。

每支衍射级次都沿着其波矢方向传播，光场在沿 $z$ 轴方向传播距离 $z$ 之后，由于其自由空间衍射在近轴传播的前提下可以忽略不计，故 $z$ 处的光场为所有衍射级次的叠加，光场强度为

$$I(r,z) = I_0\left\{1 + \left[\cos\left(\frac{2\pi}{p}x + \frac{\lambda}{p}z\frac{\partial\varphi(r)}{\partial x}\right) + \cos\left(\frac{2\pi}{p}y + \frac{\lambda}{p}z\frac{\partial\varphi(r)}{\partial y}\right)\right]\right.$$
$$+ \frac{1}{2}\left[\cos\left(\frac{2\pi}{p}(x+y) + \frac{\lambda}{p}z\frac{\partial\varphi(r)}{\partial(x+y)}\right)\right.$$
$$\left.\left. + \cos\left(\frac{2\pi}{p}(x-y) + \frac{\lambda}{p}z\frac{\partial\varphi(r)}{\partial(x-y)}\right)\right]\right\} \tag{5-60}$$

式中，$I_0$ 为 $z=0$ 时干涉图强度的最大值；$\varphi$ 为入射光相位；$\lambda$ 为入射光波长。

此即为干涉图的强度分布，如图 5.16 所示，其中干涉仪的精度由 $p$ 与 $z$ 的比值决定[1]。

对式 (5-60) 进行傅里叶变换，得到干涉图的频域分布

$$U(f_x,f_y)$$
$$= 2\pi I_0\left\{\delta(f_x,f_y)\right.$$
$$\left. + \frac{1}{2}\left[\delta\left(f_x + \frac{1}{p}, f_y\right)\mathrm{FT}\left\{\mathrm{e}^{-\mathrm{i}\frac{\lambda}{p}z\frac{\partial\varphi(r)}{\partial x}}\right\} - \delta\left(f_x - \frac{1}{p}, f_y\right)\mathrm{FT}\left\{\mathrm{e}^{\mathrm{i}\frac{\lambda}{p}z\frac{\partial\varphi(r)}{\partial x}}\right\}\right]\right.$$

$$+ \frac{1}{2} \left[ \delta\left(f_x, f_y + \frac{1}{p}\right) \text{FT}\left\{ e^{-i\frac{\lambda}{p}z\frac{\partial\varphi(r)}{\partial y}} \right\} - \delta\left(f_x, f_y - \frac{1}{p}\right) \text{FT}\left\{ e^{i\frac{\lambda}{p}z\frac{\partial\varphi(r)}{\partial y}} \right\} \right]$$

$$+ \frac{1}{4} \left[ \delta\left(f_x + \frac{1}{p}, f_y + \frac{1}{p}\right) \text{FT}\left\{ e^{-i\frac{\lambda}{p}z\frac{\partial\varphi(r)}{\partial(x+y)}} \right\} - \delta\left(f_x - \frac{1}{p}, f_y - \frac{1}{p}\right) \text{FT}\left\{ e^{i\frac{\lambda}{p}z\frac{\partial\varphi(r)}{\partial(x+y)}} \right\} \right]$$

$$+ \frac{1}{4} \left[ \delta\left(f_x - \frac{1}{p}, f_y + \frac{1}{p}\right) \text{FT}\left\{ e^{-i\frac{\lambda}{p}z\frac{\partial\varphi(r)}{\partial(x-y)}} \right\} \right.$$

$$\left. - \delta\left(f_x + \frac{1}{p}, 2\pi f_y - \frac{2\pi}{p}\right) \text{FT}\left\{ e^{i\frac{\lambda}{p}z\frac{\partial\varphi(r)}{\partial(x-y)}} \right\} \right\} \right\} \tag{5-61}$$

图 5.16　一幅横向剪切干涉图

从式 (5-61) 可以看出，MHM 对待测波前的衍射效果，一共产生了九个衍射级次，分别是 0 级，$(\pm 1, 0)$ 级，$(0, \pm 1)$ 级和 $(\pm 1, \pm 1)$ 级。图 5.17 中标出了四个 $(\pm 1, \pm 1)$ 级。

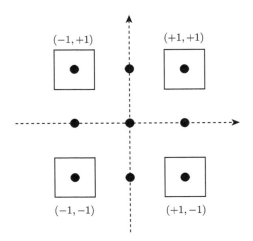

图 5.17　MHM 衍射级次示意图

# 5.3 四波前横向剪切干涉关键技术

由四波前横向剪切干涉图进行波前复原的过程可以分为相位提取和波前复原两个步骤[24]。首先，对四波前横向剪切干涉图进行傅里叶变换得到四波前横向剪切干涉图的频谱图；其次，使用频域滤波器从干涉图的频谱中提取出正交方向上的两个次级衍射频谱，并且从次级频谱中提取的到两个正交方向上的波前梯度信息，完成干涉图相位提取过程；最后，使用得到的波前梯度信息，通过波前复原算法复原待测波前。图 5.18 显示了四波前剪切干涉图的相位提取及波前复原流程，此过程中涉及的干涉图相位提取和波前复原问题吸引了国内外大量学者进行相关的研究。

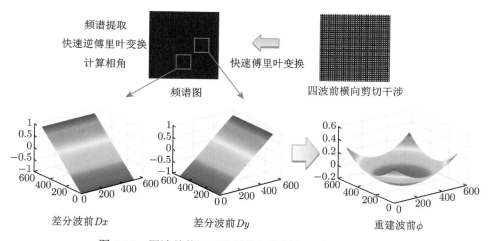

图 5.18 四波前剪切干涉图的相位提取及波前复原流程

## 5.3.1 干涉图相位提取技术

多波前剪切干涉技术获取的为单幅载频干涉图，目前已经有多种方法用来解决从单幅载频干涉图中提取出待测波前相位信息的问题。主要方法可以归纳为傅里叶变换法[25]、小波变换法[26]、卷积法[27]和正弦拟合法[28]等。

其中，卷积法和正弦拟合法采用了直接在空域对干涉图进行分析的处理手段。卷积法首先使用图像卷积的方法对剪切干涉图的载频调制信号进行解调运算，进而使用低通滤波器提取待测波前的相位信息，这种方法只能用于载频方向单一的剪切干涉图，对于同时包含两个正交方向载频信息的四波前剪切干涉图并不适用。而正弦拟合法计算获得干涉图中每个条纹周期内中点位置的相位值，是一种近似的方法。卷积法和正弦拟合法直接对多波前剪切干涉图的光强信息进行分析处理，以获得待测相位信息，方法比较简便，但是精度比较低，容易产生误差，而且受诸多因素限制。

傅里叶变换法则是选择在频域对干涉图进行处理，首先将多波前剪切干涉图进行傅里叶变换，使干涉图所包含的不同频率成分在频域完全分离，进而使用适当的滤波器将包含相位梯度信息的频率成分提取，进行一系列的数学变换之后，便可提取出待测波前的相位信息。使用傅里叶变换法提取干涉图的波前相位受伪条纹和噪声的影响比较小。

傅里叶变换法在剪切干涉技术波前探测领域中有着较为广泛的应用。H. Ina 等在 1982 年提出了基于快速傅里叶变换 (FFT) 的多波前剪切干涉图的分析方法 [29]。载频比较高的干涉图可以实现载频和波前信息的分离，但是需要较高空间分辨率的探测器来进行记录，但高性能 CCD 制造技术的发展，已经有空间分辨率足够的 CCD 探测器来满足载频干涉图的探测要求。因此傅里叶变换法是实用性较强的多波前剪切干涉图处理方法。以下将重点介绍傅里叶变换法提取多波前剪切干涉图的波前相位信息的技术。

根据光的干涉原理，两支互相干涉的入射光纤所产生的无载频干涉图的光强分布函数为

$$I(x,y) = a(x,y) + b(x,y)\cos[\varphi(x,y)] \tag{5-62}$$

式中，$a(x,y)$ 为干涉图的入射波前光强分布；$b(x,y)$ 为干涉条纹的入射波前调制度；$\varphi(x,y)$ 为待测的波前相位。

对于式 (5-62)，$a(x,y)$ 和 $b(x,y)$ 都未知，无法直接求得待测波前相位信息。因此需要引入定量并且线性的高频载频信息，加入载频量之后，干涉图的光强为

$$I(x,y) = a(x,y) + b(x,y)\cos[2\pi(f_x x + f_y y) + \varphi(x,y)] \tag{5-63}$$

其中，$f_x$ 和 $f_y$ 分别为 $x$ 轴方向和 $y$ 轴方向的高频载频信息。将式 (5-63) 用复数形式来表示，为

$$g(x,y) = a(x,y) + c(x,y)\exp(2\pi i f_x x + 2\pi i f_y y) + c^*(x,y)\exp(-2\pi i f_x x - 2\pi i f_y y)$$

$$c(x,y) = \frac{1}{2}b(x,y)\exp(i\varphi(x,y)) \tag{5-64}$$

式中，上角标 * 表示复共轭。对式 (5-64) 作二维离散傅里叶变换，得到

$$G(f_1,f_2) = A(f_1,f_2) + C(f_1+f_x,f_2+f_y) + C^*(f_1-f_x,f_2-f_y) \tag{5-65}$$

从式 (5-65) 中可以发现，我们可以根据中心频率大小的不同将干涉图像的频谱分为三部分，第一部分为 $A(f_1,f_2)$，对应于入射波前的光强 $a(x,y)$ 的空间频

谱，位于干涉图的中心，即零频的位置。对于一般情况下的波前探测研究而言，待测波前的光强变化幅度和频率在高频载频干涉图中都比较低，因此可以把 $a(x,y)$ 认作为常数，其频谱宽度为 0。其余的另外两部分则分别对应于高频率载频干涉图的 +1 级和 −1 级频谱内容，它们的中心分别位于 $(f_1, f_2)$ 和 $(-f_1, -f_2)$ 位置。载频干涉图的相位信息与载频干涉图中的次级频谱相互对应，待提取的相位梯度信息也包含其中。当载频信息的频率足够大时，载频与相位梯度的频率中心互相分离，可以通过使用滤波函数，将次一级频谱和入射光强对应的零频频谱分离并且将波前梯度提取出来，从而消除背景光强的影响。图 5.19 显示了零级频谱和正负一级频谱的分布情况，其中 $A(f_1, f_2)$ 是零级频谱，对应于干涉图中的入射波前光强变化，而 $C(f_1 - f_x, f_2 - f_y)$ 和 $C^*(f_1 - f_x, f_2 - f_y)$ 分别是正一级频谱和负一级频谱，对应于剪切干涉图中的载频相位信息和待测波前的相位信息。正、负一级频谱的中心分别位于 $(f_1, f_2)$ 和 $(-f_1, -f_2)$ 位置。

如图 5.19 所示，在载频干涉图的载频频率足够高的情况下，干涉图频谱的零级将会与次一级频谱分离，接下来，我们使用相应地频域滤波器或者滤波窗提取出与零级分离的正一级频谱 $C(f_1 - f_x, f_2 - f_y)$，并且将次一级频谱平移至频谱中心位置，便可得到消除倾斜的次级频谱图，并对其进行傅里叶逆变换

$$\mathrm{FT}^{-1}\left\{C\left(f_1, f_2\right)\right\} = c(x, y) = \frac{1}{2} b(x, y) \exp(\mathrm{i}\varphi(x, y)) \tag{5-66}$$

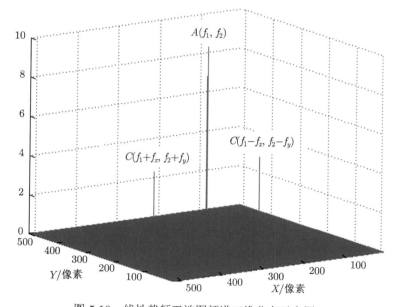

图 5.19　线性载频干涉图频谱三维分布示意图

根据式 (5-66) 可知，对其进行反正切运算，则待测波前的相位信息 $\varphi(x,y)$ 可表示为

$$\varphi(x, y) = \arctan \left\{ \frac{\mathrm{Im}[c(x, y)]}{\mathrm{Re}[c(x, y)]} \right\} \tag{5-67}$$

式中，$\mathrm{Im}\,[c\,(x,y)]$ 和 $\mathrm{Re}\,[c\,(x,y)]$ 分别表示 $c\,(x,y)$ 的取虚部运算和取实部运算。由于式 (5-67) 中不再有 $b\,(x,y)$，表明我们在计算相位的同时消除了载频干涉图的载频调制信息，从中得到的 $\varphi\,(x,y)$ 即为提取出的待测波前相位。

但在多波前横向剪切干涉技术中，无法从载频干涉图中直接提取出待测波前相位，而只能提取出待测波前的相位梯度，因此需要采用波前复原算法来复原待测的波前相位信息。根据上述基于傅里叶变换的载频干涉图提取待测波前相位信息的算法原理，我们使用 Matlab 进行了相位梯度提取的仿真实验。对仿真载频干涉图 (图 5.20(a)) 进行二维傅里叶变换，便可以得到图 5.20(b) 所示的频谱信息，选取恰当的滤波器或者频域滤波窗提取 $X$ 轴和 $Y$ 轴两个正交方向的正一级频谱，便可以获得待测波前的相位梯度，通过进一步的波前复原方法，便可以恢复出待测的波前相位信息。

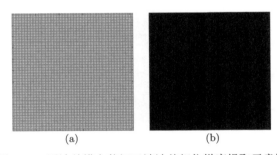

(a)　　　　　　　　　　(b)

图 5.20　四波前横向剪切干涉波前相位梯度提取示意图

当载频频率足够高时，零级频谱和一级频谱便可以完全分离，下一步便是设计合适的滤波器来提取载频干涉图中的一级频谱。所选取的滤波器需要满足以下两个要求：一是尽可能将有用的一级频谱成分充分滤出；二是尽可能避免其他衍射级次的干扰以及边界效应的影响，以完成滤波效果的最优化。假设零级频谱与正一级频谱的中心点距离为 $k_c$，则滤波器的半径不应该大于 $k_c/2$，并且需要根据一级频谱的分布特性以及滤波窗的特点，选取不同的滤波器半径。

不同的滤波器函数具有不同的滤波性能，主要区别在于滤波器窗函数提取的次一级频谱的主要核心、边缘信息和过渡信息。本节我们重点讨论以下几种在载波干涉图的相位提取过程中使用比例较高的以下几种滤波器窗函数，其中包括矩形滤波窗 [30]，镶嵌圆柱滤波窗 [31]，Hamming 滤波窗 [32] 和高斯滤波窗 [33]。

### 1. 矩形滤波窗

矩形滤波窗的窗函数为

$$H\left(u-u_0, v-v_0\right)=\begin{cases} 1, & \left|u-u_0\right| \leqslant r_u, \quad \left|v-v_0\right| \leqslant r_v \\ 0, & \text{其他} \end{cases} \tag{5-68}$$

式中，$(u_0, v_0)$ 是矩形滤波窗的中心坐标；$r_u$ 和 $r_v$ 分别是 $u$ 和 $v$ 两个方向的滤波窗半径。该种滤波窗的物理含义为在滤波窗内部的频谱完整保留，而滤波窗外部的频谱全部消除。矩形滤波窗的表达式较为简单，但是由于采用了硬性截断方式，因此有可能产生截断误差。

### 2. 镶嵌圆柱滤波窗

镶嵌圆柱滤波窗的窗函数为

$$H\left(u-u_0, v-v_0\right)=\begin{cases} 1, & r \leqslant r_{\min} \\ \dfrac{1}{2}\left\{1+\cos\left[\pi\left(\dfrac{r-r_{\min}}{r_{\max}-r_{\min}}\right)\right]\right\}, & r_{\min} < r < r_{\max} \\ 0, & r \geqslant r_{\max} \end{cases} \tag{5-69}$$

式中，$r=\sqrt{\left(u-u_0\right)^2+\left(v-v_0\right)^2}$；$r_{\max}=2 r_{\min}$；$(u_0, v_0)$ 是镶嵌圆柱滤波窗的中心坐标。

镶嵌圆柱滤波窗由圆柱形窗函数加余弦函数组成。其物理含义是由圆柱形窗函数构成主体，而边缘则由余弦函数来体现过渡效果。其中以坐标 $(u_0, v_0)$ 为中心，半径为 $r_{\min}$ 以内的频谱信息完整保留，而半径为 $r_{\max}$ 以外的频谱信息全部消除。介于两者之间的频谱信息则根据位置的不同，以余弦函数的值来分配不同的保留权重。镶嵌圆柱滤波窗包含了余弦函数，在滤波器窗函数的边缘体现了渐变的特性，因此可以在保证获取较多待提取的频谱信息的同时，消除截断误差，从而抑制边界效应。

### 3. Hamming 滤波窗

Hamming 滤波窗的窗函数为

$$H\left(u-u_0, v-v_0\right)$$

$$=\begin{cases} 0.54+0.46\cos\left[\pi\sqrt{\dfrac{\left(u-u_0\right)^2}{r_u^2}+\dfrac{\left(v-v_0\right)^2}{r_v^2}}\right], & \dfrac{\left(u-u_0\right)^2}{r_u^2}+\dfrac{\left(v-v_0\right)^2}{r_v^2} \leqslant 1 \\ 0, & \text{其他} \end{cases}$$

$$\tag{5-70}$$

其中，$(u_0, v_0)$ 是 Hamming 滤波窗的中心坐标；$r_u$ 和 $r_v$ 分别是 $u$ 和 $v$ 两个方向的滤波窗半径。Hamming 滤波窗是一种改进后的余弦滤波窗，该种滤波窗对于距离滤波窗中心坐标比较近的频谱信息分配比较大的权重，随着频谱坐标渐渐远离滤波窗中心，其分配的滤波器权重也会随之减小。Hamming 滤波窗的窗函数特性使其可以有效抑制滤波后频谱信息的边界效应，并且能够减小高频噪声对于提取的频谱信息的影响。

4. 高斯滤波窗

高斯滤波窗的窗函数为

$$H\left(u - u_0, v - v_0\right) = \exp\left(-\frac{(u - u_0)^2 + (v - v_0)^2}{2\sigma^2}\right) \tag{5-71}$$

其中，$(u_0, v_0)$ 是高斯滤波窗的中心坐标；$\sigma$ 为高斯滤波窗的标准差，也被称为高斯分布参数，$\sigma$ 的物理意义为高斯滤波窗函数的宽度。高斯滤波窗的函数特点决定了其能够有效地抑制待提取的频谱信息的噪声以及边界效应。但是由于其权重从中心坐标开始以指数的形式逐渐衰减，所以会对提取的频谱基频信息有所影响，从而引入误差。

选取滤波器的窗函数应该遵循以下原则：保证其滤波器窗函数的中心频率的宽度尽可能低的同时，增大边缘区域的衰减速度，从而减少波纹和肩峰效应。但是这两项原则处于此消彼长的矛盾状态，所以应该综合待测波前的特性和数据处理的具体要求，权衡选择频率滤波器的类型，在保证提取频谱的分辨率的同时避免频谱过多泄漏。

频谱泄漏的主要原因是载频干涉图的图像被光瞳截断，为了减小截断效应对于频谱提取的影响，可以将渐变窗函数叠加在原干涉图的边缘，或者直接将载频干涉图进行延拓，使原来的边缘变成延拓后干涉图的内部区域，延拓的数学原理较为明确，效果也比较好，故在实际的工程应用中一般使用干涉图延拓法来减小频谱泄漏。延拓的方法有很多种，其中 Gerchberg 外插迭代延拓法基于二维傅里叶变换原理，对于条纹从单个周期延拓到另外周期的插值有着较为精确的估计方式，所以对于高载频的干涉条纹有着比较好的延拓效果 [34−36]。

## 5.3.2　波前复原技术

多波前剪切干涉方法的特点是将波前梯度体现在干涉图中，而不是原始的待测波前相位。由于从干涉图中解调得到的是波前梯度，所以需要某种波前复原的算法来用于复原待测波前信息。

近些年来，国内外学者针对波前复原算法进行了一系列研究，很多关于多波前剪切干涉方法的波前复原算法被提了出来,这些方法按照重建的方式和特点,可以分为模式波前复原算法以及频域波前复原算法 [37−41]。

目前常用的二维剪切干涉图波前复原算法中, 主要应用的有差分 Zernike 波前复原算法和傅里叶变换积分波前复原算法。以下将对两种重建法分别进行介绍。

### 1. 差分 Zernike 波前复原算法

在光学测量中, 光学成像系统的光瞳一般采用圆形光瞳,因此波前测量结果一般也是由圆形数据区域来表示。Zernike 多项式由于具有在圆域内正交的特性,是一组在圆域内表示波前相位的完备正交基,因此常常被用作波前相位拟合的基底,Zernike 多项式表达式如第 1 章中所述。

根据四波前横向剪切干涉的衍射原理, 在测量平面中 $x$ 方向的波前差分和 $y$ 方向的波前差分可以分别表示为

$$
\begin{aligned}
W_x =& \frac{1}{2}\left[W\left(x+\frac{s}{2}, y+\frac{s}{2}\right) - W\left(x-\frac{s}{2}, y+\frac{s}{2}\right) + W\left(x+\frac{s}{2}, y-\frac{s}{2}\right)\right.\\
& \left. - W\left(x-\frac{s}{2}, y-\frac{s}{2}\right)\right] = \sum_{i=1}^{n} a_i Z_{xi}(x,y)
\end{aligned} \tag{5-72}
$$

$$
\begin{aligned}
W_y =& \frac{1}{2}\left[W\left(x+\frac{s}{2}, y+\frac{s}{2}\right) - W\left(x+\frac{s}{2}, y-\frac{s}{2}\right) + W\left(x-\frac{s}{2}, y+\frac{s}{2}\right)\right.\\
& \left. - W\left(x-\frac{s}{2}, y-\frac{s}{2}\right)\right] = \sum_{i=1}^{n} a_i Z_{yi}(x,y)
\end{aligned} \tag{5-73}
$$

其中, $s$ 为剪切量; $Z_{xi}(x,y)$ 和 $Z_{yi}(x,y)$ 分别为 $x$ 方向和 $y$ 方向的差分 Zernike 多项式, 其表达式为

$$
\begin{aligned}
Z_{xi}(x,y) =& \frac{1}{2}\left[Z_i\left(x+\frac{s}{2}, y+\frac{s}{2}\right) - Z_i\left(x-\frac{s}{2}, y+\frac{s}{2}\right) + Z_i\left(x+\frac{s}{2}, y-\frac{s}{2}\right)\right.\\
& \left. - Z_i\left(x-\frac{s}{2}, y-\frac{s}{2}\right)\right]\\
Z_{yi}(x,y) =& \frac{1}{2}\left[Z_i\left(x+\frac{s}{2}, y+\frac{s}{2}\right) - Z_i\left(x+\frac{s}{2}, y-\frac{s}{2}\right) + Z_i\left(x-\frac{s}{2}, y+\frac{s}{2}\right)\right.\\
& \left. - Z_i\left(x-\frac{s}{2}, y-\frac{s}{2}\right)\right]
\end{aligned} \tag{5-74}
$$

将 $x$ 方向的波前相位梯度信息和 $y$ 方向的波前相位梯度信息分别用 $d_x$ 和 $d_y$ 来表示, 那么待测波前梯度与波前梯度拟合值之间的方差可以表示为

$$
E(a) = \sum_{j=1}^{M} \sum_{k=1}^{N} [d_x(x,y) - W_x(x,y)]^2 + [d_y(x,y) - W_y(x,y)]^2 \tag{5-75}
$$

其中，$M \times N$ 为四波前横向剪切干涉图的像素数量。

当待拟合波前梯度与实际测量值最为接近时，偏差 $E(a)$ 取极小值。此时对系数 $E(a)$ 求偏导，满足条件

$$\frac{\partial E(a)}{\partial a_i} = 0 \tag{5-76}$$

根据最小二乘原理，可得

$$\boldsymbol{S}_{n \times n} \boldsymbol{A}_{n \times 1} = \boldsymbol{H}_{n \times 1} \tag{5-77}$$

其中，$n$ 为 Zernike 多项式的项数，每个矩阵的表达式分别为

$$\boldsymbol{S} = \begin{bmatrix} S_{11} & S_{12} & \cdots & S_{1n} \\ S_{21} & S_{22} & \cdots & S_{2n} \\ \vdots & \vdots & & \vdots \\ S_{n1} & S_{n2} & \cdots & S_{nn} \end{bmatrix}, \quad \boldsymbol{A} = \begin{bmatrix} a_1 \\ a_2 \\ \vdots \\ a_n \end{bmatrix}, \quad \boldsymbol{H} = \begin{bmatrix} h_1 \\ h_2 \\ \vdots \\ h_n \end{bmatrix} \tag{5-78}$$

矩阵各元素表达式为

$$S_{lp} = \sum_{j=1}^{M} \sum_{k=1}^{N} Z_{xl}(x_j, y_k) z_{xp}(x_j, y_k) + z_{yl}(x_j, y_k) z_{yp}(x_j, y_k)$$

$$h_l = \sum_{j=1}^{M} \sum_{k=1}^{N} Z_{xl}(x_j, y_k) D_x(x_j, y_k) + z_{yl}(x_j, y_k) D_y(x_j, y_k) \tag{5-79}$$

其中，$l = 1, 2, 3, \cdots, N; p = 1, 2, 3, \cdots, N$。

系数 $a_i$ 可以通过式 (5-79) 求出，为

$$\boldsymbol{A}_n = \boldsymbol{S}_{n \times n}^{-1} \boldsymbol{H}_n \tag{5-80}$$

由此可以通过求得的 Zernike 系数 $a_i$ 来拟合待测波前。

### 2. 傅里叶变换积分波前复原算法

1988 年，Frankot 和 Chellappa 针对正交梯度场积分问题做了一系列的研究 [42]。他们假设重建相位满足积分条件

$$W = \iint_{\Omega} \left( (Zx - p)^2 + (Zy - q)^2 \right) \mathrm{d}x \mathrm{d}y \to \text{ 最小化} \tag{5-81}$$

其中，$Zx, Zy$ 为相位梯度场；$W$ 为测量所得梯度场，那么式 (5-81) 对应的 Euler 方程为

$$\nabla^2 Z = \frac{\partial p}{\partial x} + \frac{\partial q}{\partial y} \tag{5-82}$$

该代价方程的出发点是为了重建面梯度场与所测梯度场在整体上的方差达到极小值。使用傅里叶变换将不可积梯度场从空间域转换进频域中，使其变为一组可以进行积分的标准函数的集合，进而把泊松积分问题转换到频域中进行相位重建，有

$$Z_F(u,v) = \frac{-\mathrm{j}uP(u,v) - \mathrm{j}vQ(u,v)}{2\pi\left(u^2 + v^2\right)} \tag{5-83}$$

其中，$Z_F(u,v)$，$P(u,v)$，$Q(u,v)$ 分别为 $Z(x,y)$，$p(x,y)$，$q(x,y)$ 的傅里叶变换。

从式 (5-83) 来看，约束条件的实际效果相当于寻找一个与所测不可积场具有相同散度的无旋场来实现相位重建。对梯度场 $K=(p,q)$ 求散度来排除掉旋度项，即

$$\nabla \cdot \boldsymbol{K} = \nabla^2 \boldsymbol{Z} = \Delta \boldsymbol{Z} = \frac{\partial^2 Z}{\partial x^2} + \frac{\partial^2 Z}{\partial y^2} = \frac{\partial p}{\partial x} + \frac{\partial q}{\partial y} \tag{5-84}$$

基于式 (5-84) 中的思路，Wagner 使用了另外一种计算方法，最终得到了等效的解。其算法的基本思路是对相位梯度进行傅里叶变换，从而避免了直接对 $\Delta Z$ 进行积分。将相位梯度从空间域转换到频域之后，对上式进行傅里叶变换，根据其导数性质可得

$$\mathrm{FT}\{\Delta Z\} = -4\pi^2\left(u^2 + v^2\right)Z_F(u,v) \tag{5-85}$$

进而

$$Z_F(u,v) = \frac{\mathrm{FT}\left\{p_x + q_y\right\}}{-4\pi^2\left(u^2 + v^2\right)} \tag{5-86}$$

Wei 在此基础上提出了更强的约束条件

$$W = \iint_\Omega \left(|Zx - p|^2 + |Zy - q|^2\right)\mathrm{d}x\mathrm{d}y + \lambda \iint_\Omega \left(|Zx|^2 + |Zy|^2\right)\mathrm{d}x\mathrm{d}y$$
$$+ \mu \iint_\Omega \left(|Zxx|^2 + 2|Zxy|^2 + |Zyy|^2\right)\mathrm{d}x\mathrm{d}y \tag{5-87}$$

式 (5-94) 中第二项可视为区域范围内近似的微小误差，第三项为波前相位的二阶曲率，用来表示重建波前的二次微分。这两项附加项可以确保重建面的平滑性质。根据 Parseval 定理和傅里叶变换定理可得，在 $u$，$v$ 都不为零时有

$$Z_F(u,v) = \frac{-\mathrm{j}uP(u,v) - \mathrm{j}vQ(u,v)}{2\pi\left[(1+\lambda)\left(u^2 + v^2\right) + 4\pi^2\mu\left(u^2 + v^2\right)^2\right]} \tag{5-88}$$

当 $\lambda = \mu = 0$ 时即可得到式 (5-83) 的结果，式 (5-88) 可以看作滤波函数

$$\text{Filter}\,(u,v) = \frac{1}{2\pi\left[(1+\lambda)\left(u^2+v^2\right)+4\pi^2\mu\left(u^2+v^2\right)^2\right]} \tag{5-89}$$

对 $-\mathrm{j}uP\,(u,v) - \mathrm{j}vQ\,(u,v)$ 的滤波过程。式 (5-89) 表明，这种计算方法在最大限度保持重建波前低频信息的同时，较好地抑制了频谱的高频部分。而噪声作为随机而孤立的点噪声，往往集中在频谱的高频部分，而波前相位的频谱则主要分布在低频部分，经过相位滤波之后的波前信息损失较小，而噪声则受到了抑制。尤其是对于一些低阶 Zernike 模式的波前相位，可以提高其平滑程度，然而对于定量相位成像应用中对于轮廓分明的相位目标，则可能会带来模糊的效果。因此，在工程应用中，需要根据不同的场合来改变权重，对波前相位的重建结果进行可积性约束，减小噪声对于结果的影响，以求得波前相位的最佳解。

## 5.4   四波前横向剪切干涉技术应用实例

### 5.4.1   四波前横向剪切干涉技术对波前畸变的探测

本节介绍一种基于移相迭代标定法的四波前横向剪切干涉光学波前传感技术，对微机电系统 (MEMS) 可变形镜产生的波前畸变进行探测，并与法国 Phasics 公司 SID-4 光学波前传感器的测量结果进行了比对。

1. 实验装置

四波前横向剪切干涉仪，如图 5.21(a) 所示，由位相型哈特曼光阑 (MHM) 和 CCD 组成，其中 MHM 由德国 Heidelberg 公司的 DWL4000 型激光直写系统与美国 Trion 公司的 Phantom Ⅲ RIE 型反应离子束刻蚀设备制成，首先使用激光直写工艺将 MHM 图样刻蚀在光刻胶层上，然后采用反映离子束刻蚀技术，将光刻胶层上的图案转印到玻璃基底上 [43]。MHM 的光阑周期 $p$ 为 $5.5\mu\mathrm{m}$，位于 MHM 后方的 CCD 像元尺寸 2048×2048 像素，可以得到分辨率最高为 512×512 像素的波前相位图像，图 5.21(b) 为使用此剪切干涉仪获得的一幅干涉图。

2. 波前探测结果及分析

本节使用 632.8nm 光纤光源配合 Iris AO 公司的型号为 PT111-5 的 37 单元分段式 MEMS 可变形镜产生波前，其反射镜单元的最大行程为 $8\mu\mathrm{m}$，最大帧频为 6.5kHz。PT111-5 分段式 MEMS 可变形镜的面型，如图 5.22 所示，其中每个六边形均为单个 4 自由度反射镜单元。

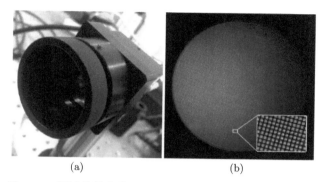

图 5.21 四波前横向剪切干涉仪 (a) 及其获得的干涉图 (b)

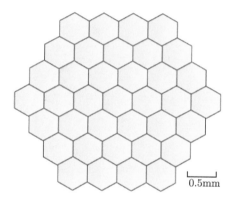

0.5mm

图 5.22 PT111-5 分段式 MEMS 可变形镜面型图

为了验证测得波前的正确性, 我们采用法国 Phasics 公司的 SID-4 光学波前传感器作为对照, 实验装置如图 5.23 所示。

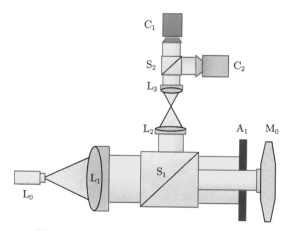

图 5.23 四波前横向剪切干涉实验光路图

图 5.23 中各变量分别代表以下光学元件，$L_0$：波长 632.8nm 的光纤光源；$S_1$：20mm 分光棱镜；$S_2$：6mm 分光棱镜；$L_1$：10mm 透镜；$L_2$：7mm 透镜；$L_3$：5mm 透镜；$A_1$：光瞳直径为 5mm 的小孔光阑；$M_0$：MEMS 可变形镜；$C_1$：SID-4 光学波前传感器；$C_2$：标定后的四波前横向剪切干涉仪。

实验首先使用 MEMS 可变形镜产生了 RMS 从 $0.05\lambda \sim 0.20\lambda$ 的一系列彗差、球差波前，图 5.24 和图 5.25 为四波横向剪切干涉仪探测到的波前结果。图 5.26 为

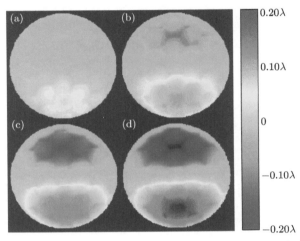

图 5.24　剪切干涉仪得到不同 RMS 的 $Y$ 轴方向彗差波前：
(a)$0.05\lambda$; (b) $0.10\lambda$; (c) $0.15\lambda$; (d) $0.20\lambda$

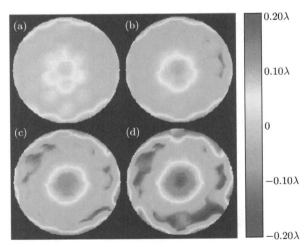

图 5.25　剪切干涉仪得到不同 RMS 的球差波前：
(a)$0.05\lambda$; (b) $0.10\lambda$; (c) $0.15\lambda$; (d) $0.20\lambda$

随机测试波前下，四波横向剪切干涉仪与 SID-4 光学波前传感器的对比结果。由此可以看出该四波横向剪切干涉仪可以得到理想的相位测量结果。

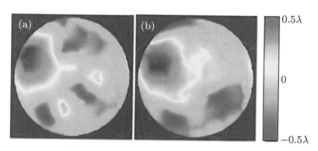

图 5.26　随机波前测量结果对比图

### 5.4.2　四波前横向剪切干涉温度场测量实验

1. 实验装置

四波前横向剪切干涉仪的核心元件采用离子束刻蚀技术和激光直写技术加工而成。如图 5.27 所示，首先在光栅基底上覆盖光刻胶层，使用激光直写工艺将我们棋盘型相位图样刻蚀在光刻胶层上，接下来使用反应离子束刻蚀技术将光刻胶层上的图样刻印到光栅基底上。用于四波前横向剪切干涉实验的相位光栅的刻蚀深度为半个波长，即 316.4nm，光栅常量为 22μm，探测器的像元尺寸为 5.5μm，最高分辨率为 2048×2048 像素，最高连续采集帧频为 200 帧/秒。

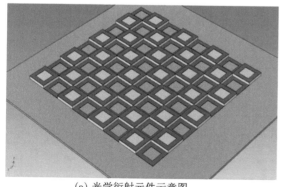
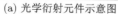

(a) 光学衍射元件示意图　　　　　　(b) 光学衍射元件实物图

图 5.27　光学衍射元件的结构图及实物图

用于输出平面波前的激光器采用 Imagine Optics 公司高光束质量单模光纤耦合输出半导体激光器，如图 5.28 所示，该激光器输出激光中心波长 632.8nm，激光器输出光功率可调，最大输出功率 2mW，等效数值孔径 0.12。

图 5.28　高光束质量单模光纤耦合输出半导体激光器

图 5.29 显示了四波前横向剪切干涉温度场测量实验光路图，图中 $L_0$ 为 632.8nm 半导体激光光源，$L_1$ 和 $L_2$ 为焦距 $f=300$mm 傅里叶透镜，$L_3$ 为焦距 $f=100$mm 透镜，$C_1$ 为四波前横向剪切干涉仪，$F_1$ 为待测温度场。$L_0$ 的光源经过透镜 $L_1$ 准直之后成为平行波前，入射至 $F_1$ 区域后由于温度场的折射率分布不均匀而产生畸变，畸变波前经过 $L_2$ 和 $L_3$ 双透镜组成的缩束系统之后，被四波前横向剪切干涉仪 $C_1$ 探测，对于涉图像进行相位提取和波前复原即可获得畸变波前的相位信息，进而根据盖斯-戴尔方程 (Galdstone-Dale relationship) 来计算流场内的空气密度，解算得到待测温度场分布图像。温度场测量系统的装置，如图 5.30 所示。

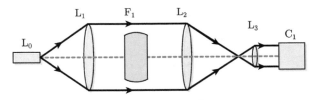

图 5.29　四波前横向剪切干涉温度场测量实验光路图

### 2. 静态温度场测量实验

为了能够得知基于四波前横向剪切干涉技术的温度场测量精度，我们设置了一组对照实验，通过将本实验装置和 Omega 公司的 RHXL3SD 热电偶仪进行对比，其中热电偶仪的测温精度为 ±0.5℃。静态温度场测量装置，如图 5.31 所示。使用电加热棒对矩形水槽内的水进行加热，通过控制电加热棒的温度来调节水槽内的水温分布。当加热功率与散热功率相等时，水槽内水温分布趋于稳定。

图 5.30 四波前横向剪切干涉温度场测量装置

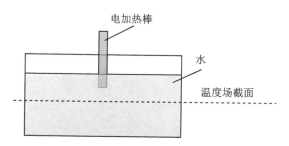

图 5.31 静态温度场测量装置示意图

图 5.32 为使用四波前横向剪切干涉仪和热电偶仪的静态温度场截面温度测量结果的对比，其中连续的曲线为四波前横向剪切干涉仪测量结果，六个采样点为使用热电偶仪的测量结果。从图 5.32 中可以看出，使用四波前剪切干涉仪连续测量的温度分布曲线与热电偶仪测量结果吻合良好，因此四波前横向剪切干涉仪的温度测量结果具有不低于热电偶仪的测量精度，即温度测量误差小于 $\pm0.5{}^\circ\text{C}$，满足了进一步测量动态温度场分布的实验要求。

### 3. 动态温度场测量实验

接下来，我们使用电加热棒对待测区域的空气进行加热，并且使用高速四波前横向剪切干涉仪对温度场分布进行测量，电加热棒实物，如图 5.33 所示。

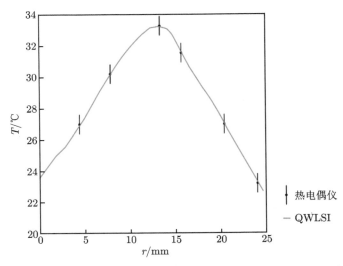

图 5.32　四波前横向剪切干涉仪和热电偶仪的静态温度场截面温度测量结果的对比

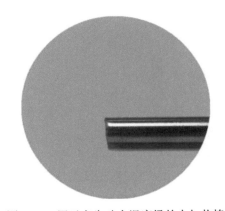

图 5.33　用于产生动态温度场的电加热棒

　　接下来，我们使用高速四波前横向剪切干涉仪对温度场分布不均匀导致的波前畸变进行相位测量，连续录制了一段帧率为 60 帧/秒的视频，图 5.34 即为测量结果，其中从图 5.34(a)～(f) 为连续 6 帧波前复原的相位图像，每相邻两幅图像拍摄的时间间隔为 16.7ms。实验结果表明，基于四波前横向剪切干涉技术的温度场测量装置具有准确度高，并且支持高帧率和高空间分辨率的特点。

　　图 5.35 为四波前横向剪切干涉仪测量得到的温度场分布结果。此结果的获得过程为，先用四波前横向剪切干涉仪得到相位图像，由相位值计算出温度分布，最后获得温度场分布。

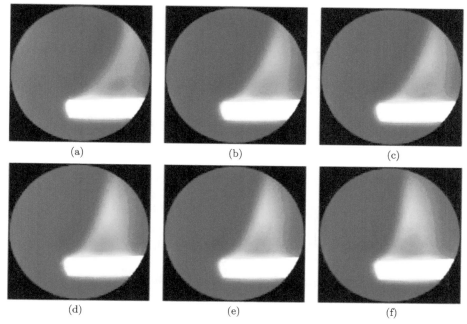

图 5.34 连续采集得到的 6 帧波前复原的相位图像

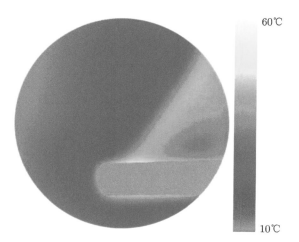

图 5.35 四波前横向剪切干涉仪测量得到的温度场分布结果

# 参 考 文 献

[1] 崔博川. 基于衍射光学元件的多波前横向剪切干涉方法研究 [D]. 长春：中国科学院长春光学精密机械与物理研究所, 2018.

[2]　Murty M V R K. Use of convergent and divergent illumination with plane gratings[J]. J. Opt. Soc. Amer., 1962, 52(7): 768-773.

[3]　Kothiyal M P, Delisle C. Shearing interferometer for phase shifting interferometry with polarization phase shifter[J]. Applied Optics, 1985, 24(24): 4439-4442.

[4]　Schreiber H, Schwider J. Lateral shearing interferometer based on two Ronchi phase grating in series[J]. Applied Optics, 1997, 36(22): 5321-5324.

[5]　Lee H H, You J H, Park S H. Phase-shifting lateral shearing interferometer with two pairs of wedge plates[J]. Optics Letters, 2003, 28(22): 2243-2245.

[6]　Song J B, Lee Y W, Lee I W, et al. Simple phase-shifting method in a wedge-plate lateral-shearing interferometer[J]. Applied Optics, 2004, 43(20): 3989-3992.

[7]　Dubra A, Paterson C, Dainty C. Double lateral shearing interferometer for the quantitative measurement of tear film topography[J]. Applied Optics, 2005, 44(7): 1191-1199.

[8]　Nercissian V, Harder I, Mantel K, et al. Diffractive simultaneous bidirectional shearing interferometry using tailored spatially coherent light[J]. Applied Optics, 2011, 50(4): 571-578.

[9]　Primot J. Three-wave lateral shearing interferometer[J]. Applied Optics, 1993, 32(31): 6242.

[10]　Primot J, Sogno L. Achromatic three-wave (or more) lateral shearing interferometer[J]. Journal of the Optical Society of America A, 1995, 12(12): 2679-2685.

[11]　Primot J, Guérineau N. Extended Hartmann test based on the pseudoguiding property of a Hartmann mask completed by a phase chessboard[J]. Applied Optics, 2000, 39(31): 5715.

[12]　Vincent G, Druart G, Rizzi J, et al. Quadriwave lateral shearing interferometry in an achromatic and continuously self-imaging regime for future X-ray phase imaging[J]. Optics Letters, 2011, 36(8): 1398-1400.

[13]　Hasegawa M, Ouchi C, Hasegawa T, et al. Recent progress of EUV wavefront metrology in EUVA[J]. Proceedings of SPIE-The International Society for Optical Engineering, 2004, 5533: 27-36.

[14]　Hasegawa T, Ouchi C, Hasegawa M, et al. EUV wavefront metrology system in EUVA[J]. Proceedings of SPIE-The International Society for Optical Engineering, 2004, 5374: 797-807.

[15]　Ouchi C, Kato S, Hasegawa M, et al. EUV wavefront metrology at EUVA[C]. Metrology, Inspection, and Process Control for Microlithography XX, International Society for Optics and Photonics, 2006: 61522O-1-61522O-8.

[16]　Bon P, Monneret S, Wattellier B. Noniterative boundary-artifact-free wavefront reconstruction from its derivatives [J]. Applied Optics, 2012, 51(23): 5698-5704.

[17]　Poyneer L A. Scene-based Shack-Hartmann wave-front sensing: Analysis and simulation[J]. Applied Optics, 2003, 42(29): 5807-5815.

[18]　Liu K, Wang J, Wang H, et al. Wavefront reconstruction for multi-lateral shearing interferometry using difference Zernike polynomials fitting[J]. Optics & Lasers in Engi-

neering, 2018, 106: 75-81.

[19] Sokolov V I, Sokolov V I. Measurements of small wave-front distortions using a three-wave lateral shearing interferometer[J]. Quantum Electronics, 2001, 31(10): 891.

[20] Smirnov R V. A method for measuring the radiation wave front by using a three-wave lateral shearing interferometer[J]. Quantum Electronics, 2000, 30(5): 435.

[21] Zhai S H, Ding J, Chen J, et al. Three-wave shearing interferometer based on spatial light modulator[J]. Optics Express, 2009, 17(2): 970-977.

[22] Piatrou P, Chanan G. Shack-Hartmann mask/pupil registration algorithm for wavefront sensing in segmented mirror telescopes[J]. Applied Optics, 2013, 52(32): 7778-7784.

[23] Dai F, Li J, Wang X, et al. Exact two-dimensional zonal wavefront reconstruction with high spatial resolution in lateral shearing interferometry[J]. Optics Communications, 2016, 367: 264-273.

[24] Zhu W, Li J, Chen L, et al. Systematic error analysis and correction in quadriwave lateral shearing interferometer[J]. Optics Communications, 2016, 380: 214-220.

[25] 粟银, 范琦, 王云飞, 等. 干涉条纹的高准确度傅里叶变换分析 [J]. 光子学报, 2015, 44(11): 94-99.

[26] 李思坤, 苏显渝, 陈文静. 基于解析图像的小波变换光学载频干涉全息图相位重建方法 [J]. 中国激光, 2011, 38(2): 228-232.

[27] You Y L , Kaveh M . A regularization approach to joint blur identification and image restoration[J]. Image Processing IEEE Transactions on, 1996, 5(3): 416-428.

[28] Sugisaki K, Okada M, Zhu Y C, et al. Comparisons between EUV at-wavelength metrological methods [J]. Proc. SPIE, 2005, 5921: 1-8.

[29] Ina H, Takeda M, Kobayashi S. Fourier-transform method of fringe-pattern analysis for computer-based topography and interferometry[J]. JOSA, 1982, 72(12): 156-160.

[30] Sugisaki K, Okada M, Otaki K, et al. EUV wavefront measurement of six-mirror optic using EWMS [J]. Proc. SPIE, 2008, 6921: 1-9.

[31] Jerome P, Nicolas G. Extended Hartmann test based on the pseudoguiding property of a Hartmann mask completed by a phase chessboard [J]. Applied Optics, 2000, 39(31): 5715-5720.

[32] Velghe S, Jerome P, Nicolas G, et al. Wavefront reconstruction from multidirectional phase derivatives generated by multilateral shearing interferometers [J]. Optics Letters, 2001, 30(3): 245-247.

[33] Velghe S, Haidar R, Guerineau N, et al. Guerineau et al. In situ optical testing of infrared lenses for high-performance cameras [J]. Applied Optics, 2006, 45(23): 5903-5909.

[34] Gerchberg R W. A practical algorithm for the determination of phase from image and diffraction plane pictures[J]. Optik, 1972, 35: 237-250.

[35] Wang H, Yue W, Song Q, et al. A hybrid Gerchberg-Saxton-like algorithm for DOE and CGH calculation[J]. Optics & Lasers in Engineering, 2016, 89: 109-115.

[36] Maiseli B. Diffusion-steered super-resolution method based on the Papoulis-Gerchberg algorithm[J]. IET Image Processing, 2016, 10(10): 683-692.

[37] Roddier C, Roddier F. Wavefront reconstruction using iterative Fourier transforms[J]. Applied Optics, 1991, 30(11): 1325-1327.

[38] Almoro P, Pedrini G, Osten W. Complete wavefront reconstruction using sequential intensity measurements of a volume speckle field[J]. Applied Optics, 2006, 45(34): 8596-8605.

[39] Lai S, Neifeld M A. Digital wavefront reconstruction and its application to image encryption[J]. Optics Communications, 2000, 178(4-6): 283-289.

[40] Huang L, Xue J, Gao B, et al. Spline based least squares integration for two-dimensional shape or wavefront reconstruction[J]. Optics & Lasers in Engineering, 2017, 91: 221-226.

[41] Ono Y H, Akiyama M, Oya S, et al. Multi time-step wavefront reconstruction for tomographic adaptive-optics systems[J]. JOSA A, 2016, 33(4): 726-740.

[42] Frankot R T, Chellappa R. Shape from shading in sar imagery: Experimental results[C]. Asilomar Conference on, IEEE, 1988: 285-289.

[43] Cui B, Chen T, Wang J, et al. Calibration of wavefront phase image using phase-shifting iteration algorithm in quadriwave lateral shearing interferometry[J]. Journal of the Korean Physical Society, 2018, 72(3): 359-365.

# 第 6 章　曲率光学波前传感技术

## 6.1　曲率光学波前传感概述

曲率光学波前传感器由 Roddier 于 1987 年提出 [1]。当时双压电片变形镜技术因其低空间频率的大行程量优势，在大口径近红外天文望远镜中得到了广泛的应用，为了更好地匹配压电变形镜镜面的曲率变化，Roddier 等产生了直接探测波前曲率的思路，并对曲率光学波前传感器的可行性进行了理论分析与实验验证。其原理是通过测量焦点前后两离焦面上的强度分布信息来计算波前分布，如图 6.1(a) 所示。为了进一步简化结构，Blanchard 等提出了基于光栅分光的曲率光学波前传感器方案 [2]，如图 6.1(b) 所示。

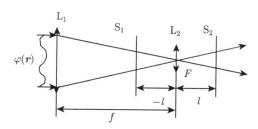

(a) 曲率光学波前传感原理图

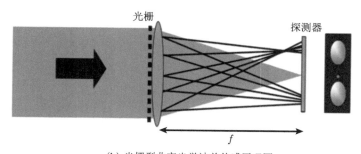

(b) 光栅型曲率光学波前传感原理图

图 6.1　曲率光学波前传感技术原理图

曲率光学波前传感器结构简单、实时性好，对波前曲率等低频波前畸变变化敏感，在与压电变形镜一起使用构成自适应光学系统时，可将曲率光学波前传感器探测的信号经适当放大后直接加到这类变形镜上，因而十分适合构建快速闭环的控制系统。但曲率光学波前传感器目前仅适用于要求低阶像差探测的系统中，对于高频波前畸变的复原能力有限，是阻碍其进一步发展的主要因素。

曲率光学波前传感技术目前主要应用于天文观测领域，对于巡天望远镜而言，其集光能力与口径的平方成正比，更大的口径意味着可以对更加深远的宇宙进行探索，同时通过增大口径，可以有效提高观测数据信噪比，拓展观测极限 [3]。随着口径的不断增大，巡天望远镜大多需要采用主动光学技术来达到降低制造成本，提高比刚度，实现成像指标与光学对准的目的 [4]。而作为主动光学系统的核心部件，曲率光学波前传感技术也就成为了大口径巡天望远镜发展的关键。

首先，波前曲率传感可以在望远镜任何指向下，均找到足够数量的导星实现波前传感；同时，波前传感系统与探测器采用相同的器件，为系统封装、图像采集以及后期维护都提供了极大便利。不仅如此，通过多视场波前曲率传感对系统高阶像差的探测能力，可以对望远镜中众多主动环节进行驱动。

闭环主动光学是一种与传统开环校正方法相辅相成的新型技术，在监测望远镜俯仰角与温度的前提下，通过激光跟踪仪或图像传感进行粗对准，在通过错位CCD 获得离焦图像后，选择合适亮度与形态的星点像，结合傅里叶迭代的波前解算方法获得波前数据，并以此为依据对光学元件位置与面形进行精调，从而获得高质量成像结果，如图 6.2 所示。

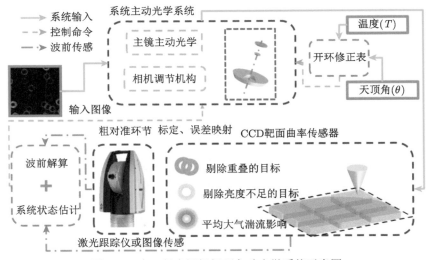

图 6.2　大口径大视场闭环主动光学系统示意图

目前，正在运行的大口径大视场主动光学望远镜有图 6.3(a) 4m Mayall 望远镜，最新的主焦点终端，BigBoss 具有 3° 视场，使用 5000 根光纤，代替曲面 CCD，研究重子声振荡以及暗物质暗能量演化 [5]；图 6.3(b) 4m VISTA 望远镜，采用卡塞格林焦点，其终端为 1.65° 科学红外相机，其曲率传感器为 E2V 2K×2K CCD[6]；图 6.3(c)Pan-Starrs 为 1.8m 口径的巡天阵列，其卡塞格林焦点视场为 2.6° [7]；图 6.3(d)J-PAS 为 2.5m 望远镜，卡塞格林焦点处的科学相机称为 "JPCam"，视场为 4.7°[8]；图 6.3(e)DCT[9]；图 6.3(f) DeCam 是目前最成功的大视场终端之一，使用曲率传感器，对原有 4m 主动光学望远镜进行反馈控制，并利用其 1.5° 视场进行暗物质与暗能量探索 [10]；图 6.3(g) VST 口径为 2.6m，视场为 1°[11]；图 6.3(h) SDSS (Sloan Digital Sky Survey) 望远镜口径为 2.5m，视场为 3°[12]；图 6.3(i) SST 是美国所建设的下一代大口径大视场望远镜，采用梅森斯密特系统，口径 3.5m，视场 2.5° [13]；图 6.3(j) 为 3.5m WIYN 望远镜的升级科学终端 ODI(One Degree)，其视场为 1°，使用 12μm 像元，每个像元对应 0.1s[14]；图 6.3(k) 8.2m 望远镜 SUBARU Hyper Suprime-Cam 是继 Subaru Suprime-Cam 后的下一代主焦点科学终端，其视场为 1.34°，由于主焦点是光学望远镜的第一个焦点，其能量损失最小，对于大视场系统有着特殊的优势 [15]；图 6.3(l)LSST 为

(a) Mayall      (b) VISTA      (c) Pan-Starrs      (d) J-PAS

(e) DCT      (f) DeCam      (g) VST      (h) SDSS

(i) SST      (j) ODI      (k) SUBARU      (l) LSST

图 6.3 大口径大视场主动光学望远镜

8.4m 口径，视场 3.5° 的下一代大口径大视场望远镜 [16]。

我国的大口径大视场望远镜目前正处在追赶状态，上海天文台 1.56m 望远镜，巡天模式下视场为 13′[17]，北京天文台兴隆观测站的 2.16m 光学天文望远镜，在巡天模式下视场为 50′[18]。丽江 2.4m 望远镜，由英国望远镜公司设计建造，其卡塞格林焦点视场可达到 40′[19]。我国已建成的大口径大视场主动光学望远镜为 LAMOST 望远镜 (如图 6.4 所示)，全称大天区面积多目标光纤光谱天文望远镜 (Large Sky Area Multi-Object Fiber Spectroscopy Telescope)，于 2009 年建成。口径 4.9m，视场 5°，焦面分布 4000 根光纤，是世界上口径最大的巡天光谱望远镜。针对我国大口径大视场望远镜单台与总集光面积不足的现状，在 "十三五" 期间，将建设中国 12m 光学红外望远镜，具有大视场巡天能力，兼顾高分辨率精测和巡天普查的双重功能。同时中国科学技术大学 2.5m 大视场巡天望远镜等一系列大口径大视场主动光学望远镜也陆续开始研制。

(a) 1.56m望远镜   (b) 2.16m望远镜   (c) 2.4m望远镜   (d) LAMOST

图 6.4 中国大口径大视场望远镜

# 6.2 曲率光学波前传感工作原理

## 6.2.1 电磁波强度传输方程与曲率传感

曲率传感器的基本原理是光瞳处波前局部的曲率变化，所对应的焦内像与焦外像的光强分布会发生对应的变化。根据近场电磁波的传输方程，可以解算出波前信息如下式所示：

$$\frac{\partial I\left(\boldsymbol{\rho}\right)}{\partial z} = -\left(I\left(\boldsymbol{\rho}\right)\nabla\Phi\left(\boldsymbol{\rho}\right)\delta_c + I\left(\boldsymbol{\rho}\right)\nabla^2\Phi\left(\boldsymbol{\rho}\right)\right) \tag{6-1}$$

式中，$I\left(\boldsymbol{\rho}\right)$ 为强度；$\Phi\left(\boldsymbol{\rho}\right)$ 为相位；$\nabla$ 为梯度算子，得到的结果为斜率；$\nabla^2$ 为拉普拉斯算子，得到的结果为曲率；$\delta_c$ 为狄拉克函数；$\boldsymbol{\rho}$ 为光瞳内坐标。可见，波前的斜率计算仅与边缘有关。$z$ 为光轴方向坐标。

假设在同一位置上，光瞳内的光强均匀分布记为 $I_0$，那么，可以得到

$$\frac{I_1\left(\boldsymbol{\rho}\right) - I_2\left(\boldsymbol{\rho}\right)}{I_0 2\Delta z} = -\left(\delta\left(|\boldsymbol{\rho}| - R\right)\cdot\nabla\Phi\left(\boldsymbol{\rho}\right) + \nabla^2\Phi\left(\boldsymbol{\rho}\right)\right) \tag{6-2}$$

由于系统为闭环校正，最终状态里 $\delta\left(|\boldsymbol{\rho}|-R\right)\cdot\nabla\Phi\left(\boldsymbol{\rho}\right)\to0$，故通过近似可得

$$\frac{I_1\left(\boldsymbol{\rho}\right)-I_2\left(\boldsymbol{\rho}\right)}{I_02\Delta z}\approx-\nabla^2\Phi\left(\boldsymbol{\rho}\right)\tag{6-3}$$

其中，$P_1$ 和 $P_2$ 是在焦平面两侧的两个对称平面；$\Delta z$ 为 $P_1P_2$ 共轭位置相对入瞳的距离，通过等效变形可得

$$\frac{I_1\left(\boldsymbol{\rho}\right)-I_2\left(\boldsymbol{\rho}\right)}{I_1\left(\boldsymbol{\rho}\right)+I_2\left(\boldsymbol{\rho}\right)}\approx\frac{I_1\left(\boldsymbol{\rho}\right)-I_2\left(\boldsymbol{\rho}\right)}{2I_0}\tag{6-4}$$

其中，$\Delta z$ 为 $P_1P_2$ 共轭位置相对入瞳的距离

$$\Delta z=f\left(f-l\right)/l$$

设 $\boldsymbol{S}=\dfrac{1}{\Delta z}\dfrac{I_2\left(\boldsymbol{\rho}\right)-I_1\left(\boldsymbol{\rho}\right)}{I_1\left(\boldsymbol{\rho}\right)+I_2\left(\boldsymbol{\rho}\right)}$，可以得到

$$\boldsymbol{S}=\nabla^2\boldsymbol{\Phi}\left(\boldsymbol{\rho}\right)\tag{6-5}$$

### 6.2.2　曲率传感波前相位求解方法

对等式 (6-5) 两边进行快速傅里叶变换可得

$$\mathrm{FFT}\left(\boldsymbol{S}\right)=\mathrm{FFT}\left(\nabla^2\Phi\left(\boldsymbol{\rho}\right)\right)=-4\pi^2\left(u^2+v^2\right)\mathrm{FFT}\left(\Phi\left(\boldsymbol{\rho}\right)\right)\tag{6-6}$$

故可得

$$\Phi\left(\boldsymbol{\rho}\right)=\mathrm{FFT}^{-1}\left(\frac{\mathrm{FFT}\left(\boldsymbol{S}\right)}{-4\pi^2\left(u^2+v^2\right)}\right)\tag{6-7}$$

其中，$\boldsymbol{\rho}$ 为空间向量坐标；$u$ 和 $v$ 为空间频率；$I_1$ 为焦前光强分布；$I_2$ 为焦后光强分布；FFT 为快速傅里叶变换；$\mathrm{FFT}^{-1}$ 为快速傅里叶逆变换。

### 6.2.3　曲率传感离焦量确定准则

瞳面光强与像面光强的总量是相同的，但是，两者之间存在着分布上的映射关系，在此使用线性假设描述二者的对应关系。实际上，尤其是对大视场系统，系统映射的线性会受到影响，但是由于闭环主动光学，会采取迭代多次校正，故其影响会大为降低。焦面与瞳面的映射关系如式 (6-8) 所示，$\delta\alpha$ 为波前畸变斜率。$f$ 为焦距，$l$ 为离焦量，如图 6.5 所示。

$$\boldsymbol{r}=\frac{l}{f}\boldsymbol{\rho}-\delta\alpha\left(f-l\right)=\frac{l}{f}\boldsymbol{\rho}-\left(f-l\right)\frac{\partial\Phi\left(\boldsymbol{\rho}\right)}{\partial\boldsymbol{\rho}}\tag{6-8}$$

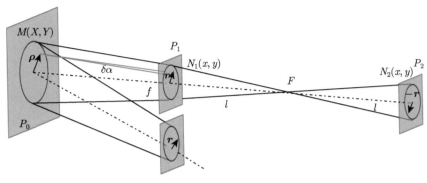

图 6.5　曲率传感原理

## 6.3　曲率光学波前传感主要性能指标分析

### 6.3.1　曲率光学波前传感探测器参数分析

离焦量的确定是曲率传感中十分重要的步骤，一般来说，要求大气相关长度在焦面上的投影要远大于由视宁极限所造成的弥散斑

$$\frac{\lambda(f-l)}{r_0} \ll \frac{r_0 l}{f} \tag{6-9}$$

其中，$f$ 为焦距；$l$ 为离焦量；$r_0$ 为大气相关长度；$\lambda$ 为波长。根据该思想可得

$$\mathrm{FWHM_{Com}}(f-l) \ll \frac{r_0 l}{f} \tag{6-10}$$

那么

$$l \gg f^2 \frac{\mathrm{FWHM_{Com}}}{r_0} \tag{6-11}$$

其中，$\mathrm{FWHM_{Com}}$ 为各种因素下系统的全宽半高，现有的推导中，仅考虑了大气扰动所带来的像点弥散。在实际的大口径大视场望远镜系统中，由杜瓦热逃逸以及机械振动所带来的影响也需要考虑。

但是，过大的离焦会导致探测器的信噪比降低。假设望远镜对恒星进行跟踪（"恒星跟踪模式"），跟踪所带来误差的假设为 $1''$，由大气所带来的误差为 $1.5''$（$r_0 = 68\mathrm{mm}$），杜瓦制冷所带来的振动假设为 $0.1''$，由风载所带来的振动为 $0.5''$，即 $^{\mathrm{Foc}}\mathrm{FWHM_{Com}} = 2''$，那么，$l \gg 1.3\mathrm{mm}$。同时，离焦量过大，会造成弥散斑的面积过大，降低探测信噪比，当信噪比小于 5 时，即无法成像。如图 6.6 探测器靶面与曲率传感器示意图所示。

选用 $10\mu\mathrm{m}$ 像元 $1\mathrm{K}\times1\mathrm{K}$ 的传感器，像元面积 $10\mathrm{mm}\times10\mathrm{mm}$，探测视场 $0.15°$，探测器 PlateScale=$0.5''$/像素，与 DeCam 的 $0.2''$/像素基本为相同量级。

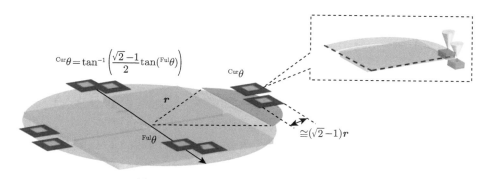

$$^{\mathrm{Cur}}\theta = \tan^{-1}\left(\frac{\sqrt{2}-1}{2}\tan(^{\mathrm{Ful}}\theta)\right)$$

图 6.6 探测器靶面与曲率传感器示意图

元量化误差是星点探测的重要误差来源,同时也直接影响着探测结果,传统的 ROI(region of interest) 分析方法,基于高斯分布星点像模型,通过阈值法获得星点像所对应区域。而对于大口径大视场望远镜而言,其视场遮拦大,获取的离焦星点图为 "空心像" 形式,同时,其不圆度随着视场的增大而增加,根据公式可得,在焦像的半高宽 (FWHM) 大约为 2″,最少占 16 个像元,离焦像为 3.6″,至少 51 个像元。在此情况下,需要对元量化误差进行分析,探究目标星点的提取方法,获得元量化误差意义下最优离焦量

$$^{\mathrm{Def}}\mathrm{FWHM}_{\mathrm{Com}} \approx \sqrt{^{\mathrm{Def}}\mathrm{FWHM}_{\mathrm{Com}}^2 + \left(\frac{Dl}{f^2}\right)^2} \tag{6-12}$$

大口径大视场望远镜由于光学系统本身的畸变以及像差对应关系的非线性,导致传统的定标方法精度不足。针对天基大视场观测设备所获得的图像,拟采用分割视场的方法,将大视场分割为若干个小视场,在小视场中,对天光背景、光学系统固定像差以及图像畸变等进行分块的研究,可以有效地降低拟合所需的多项式阶数,减少边界处的拟合误差。对于离焦像的信息提取,与传统 ROI 技术不同,结合视场分割,使用局部的阈值,提取 DONUT 像,如图 6.7 所示。

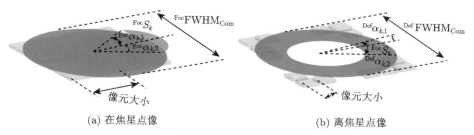

(a) 在焦星点像      (b) 离焦星点像

图 6.7 像元覆盖情况分析

星点像形态学分析,对于理想光学系统,其光线完美地会聚于焦点之上,焦

前焦后所形成的离焦星点像，除颠倒之外，像的形状完全相同，但是，对于非理想系统，焦前焦后所成的星点像的形态将发生变化，虽然可以使用标校的方法抑制星点像形态变化所引入的误差。

以某个边缘视场为例，以切向方向选取错位 CCD 视场，其离焦星点像，如图 6.8(a) 所示，对应的波前误差如图 6.8(b) 所示，其离焦量误差符号相反，大小基本相等。在实际的使用中，由于焦面的位置存在误差，当焦面位置误差达到极值时，某一个块曲率传感 CCD 上的像为在焦像，另一块 CCD 上的像为两倍离焦量的星点图，因此，需要使用与校正镜组所配套的六维调节机构进行调节，保证两者的形态尽量相似。

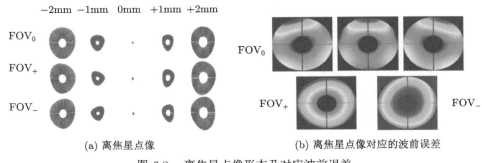

(a) 离焦星点像　　　　　　　　　(b) 离焦星点像对应的波前误差

图 6.8　离焦星点像形态及对应波前误差

在此采用阈值法对探测结果提取目标图像。结合光学仿真软件与使用中值滤波模拟像元合并的过程，如图 6.9 所示。由图 6.9 可见四叶梁对离焦星点像的影响，在元化后可以忽略不计，同时边界像素数量下降很快，基本符合指数规律。以信息熵为标志进行判定，分析单个星点像所对应的下采样图形，对于所对应的采样方式，其形态学所含有的信息差异已经较小，处于较为平缓的部分，不会由于

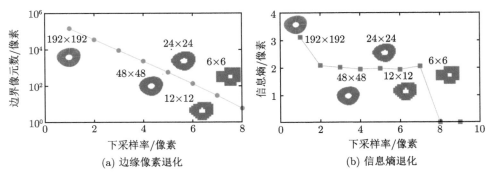

(a) 边缘像素退化　　　　　　　　　(b) 信息熵退化

图 6.9　星点像下采样

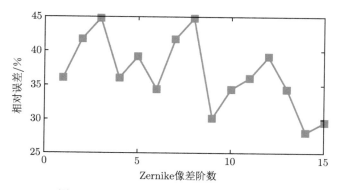

图 6.15    边缘斜率带入误差空间频域分布

# 6.4    曲率光学波前传感技术应用实例

现有望远镜的曲率光学波前传感发展图, 图 6.16 所示。对于波前传感空间与主动光学执行空间的映射, 主要有三个技术流派, 分别为利用数值分析方法结合高保真模型获得对应调节量, 通过节点像差理论进行理论分析, 以及通过实际测量得到。Mayall 望远镜采用分光镜获得焦前、焦后图像, 其最高探测阶数为 14 阶 (以条纹 Zernike 多项式计), 闭环主动光学校正周期为 120s。VISTA 望远镜采用了两套曲率传感器, 分别是与探测器靶面集成的低阶曲率传感器和高阶曲率传感器, 其中低阶曲率传感器通过分光镜可以检测到 7 阶 (以 Fringe Zernike 多项式计)。而高阶曲率传感器安置于滤光轮之上, 当滤光轮扫过终端靶面时, 可以获得离焦弥散斑, 最终探测阶数可以达到 14 阶 (以 Fringe Zernike 多项式计)。

计算机辅助装调是 I. M. Egdall 在 1985 年首先提出的 [21], 针对 1° 视场的 0.15m 离轴三反望远镜。使用自准直望远镜进行粗对准, 当系统误差小于 10λ (PV) 时, 使用视场内五点作为参考点进行迭代。最终, 装调的结果为 0.11λ 满足光学设计需求。Yang 在 2007 年, 针对 2° 视场的离轴三反望远镜, 使用敏感度矩阵的方法, 结合奇异值分解, 通过视场中的三个位置, 将系统波前误差降低到 λ/10 以下 [22]。

由于系统非线性, 在接近对准情况下所获得的灵敏度矩阵往往无法胜任大像差情况。Ho-Soon Yang 在 2004 年, 针对波前误差较大情况, 使用反优化的方法, 对 300 mm 口径 2.08° 视场的卡塞格林望远镜进行装调, 结果优于 70nm, 并在 2006 年对该流程进行进一步的规范, Yao 在 2018 年, 使用优化的方法对 X 射线望远镜进行装调对准, 其发散角小于 0.004°。

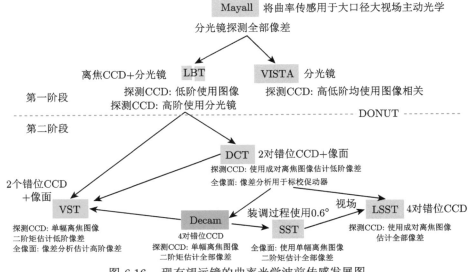

图 6.16　现有望远镜的曲率光学波前传感发展图

　　结合装调精度与技术成熟度，实时对准方案使用反优化算法，结合灵敏度矩阵的方法，建立两段式的大口径大视场调整策略，可以提高对准系统的动态范围。在此，在大像差情况下，首先使用反优化的方法，以波前误差为优化量，使用寻优的方法，获得光学元件的初始位置，当误差较小后，使用敏感度矩阵的方法，提高收敛速度。

　　近年来，机器学习在不同的应用领域取得了成功的应用，而且机器学习的新的应用领域也在不断涌现。目前机器学习的应用领域主要有：目标定位、目标识别、图像或视频字幕、媒体和娱乐、图像或视频拼接、自动驾驶、机器翻译、语义识别、安全防护、医学生物、癌症组织识别等。近年来，国外有学者将机器学习应用于大口径望远镜的主动光学中。Oteo 在 2013 年，利用双层人工神经网络研究了 3 块透镜所组成系统的计算机辅助装调，理论精度可达到相对误差优于 0.2%[23]。2015 年 Haag 提出了一种结构光投影方法，可以达到实际结果与理论位置相关系数高于 0.95[24]。Schmitt 在 2017 年，研究了机器视觉辅助下的大型装配体计算机辅助装配。通过激光跟踪仪所提供的全局坐标系，将各个局部探测坐标系联系起来[25]，同时针对大型结构件，在 Haag 的基础上，基于树形图设计了一种主动自优化装配流程。D. Guerraramos 针对拼接望远镜进行了共相流程理论分析，获得了测量量程大，识别准确率高的良好结果，能有效抑制传统波前检测方法中的 $2\pi$ 不确定效应[26]。为大口径望远镜大量程、高精度波前探测指明了新的方向。虽然国内智能主动光学发展取得了诸多成果：中国科学院上海技术物理研究所张东阁，在 2013 年使用人工神经网络代替灵敏度矩阵进行计算机辅助装调 [27]。同年，中国科学院长春光学精密机械与物理研究所的王钰利用神经网络方法，计算得到的自由曲面系统失调量均方根误差小于 $7.04\%$[28]；中国科学院光电技术研究所的 Xu，在 2019 年，针对变形镜在施加校正力后，响应矩阵变化的情况，使用人工神经网络的方法进行模型修正，最终将收敛时间降低 $80\%$[29]。

在进行初步调节后，系统的像差依旧较大 ($\sim 10\lambda$)，在此情况下，Zernike 多项式系数与执行机构的线性关系不明显，因此，使用反优化方法，扩大调节的动态范围。在优化方式的选择上，相当于自适应光学中的无波前传感算法，常见的无波前传感算法随机有并行梯度下降 (SPGD) 算法、遗传算法 (GA)、模拟退火 (SA) 算法等。其中随机并行梯度下降算法具有实现简单、收敛速度快等优点，得到了广泛应用。利用灵敏度矩阵进行主动光学调整的原理如下式所示：

$$\boldsymbol{A} \Delta \boldsymbol{D} = \Delta \boldsymbol{Z} \tag{6-22}$$

其中，$\boldsymbol{A} = \begin{bmatrix} \dfrac{\partial Z_1}{\partial u_1} & \cdots & \dfrac{\partial Z_1}{\partial u_N} \\ \vdots & & \vdots \\ \dfrac{\partial Z_m}{\partial u_1} & \cdots & \dfrac{\partial Z_m}{\partial u_N} \end{bmatrix}$ 为灵敏度矩阵；$\Delta \boldsymbol{D} = \begin{bmatrix} \delta u_1 \\ \vdots \\ \delta u_N \end{bmatrix}$ 为执行元件

运动；$\Delta \boldsymbol{Z} = \begin{bmatrix} \delta Z_1 \\ \vdots \\ \delta Z_N \end{bmatrix}$ 为 Zernike 多项式系数变化。

由于大口径大视场望远镜光学系统复杂，其调整变量较多，调整变量之间容易出现相关性，导致矩阵病态。若系数矩阵 $\boldsymbol{A}$ 中列向量线性关联度大，法矩阵 $\boldsymbol{A}^{\mathrm{T}}\boldsymbol{A}$ 条件数增大，法矩阵呈现病态。法矩阵求逆出现不稳定，考虑到观测噪声的影响，采用最小二乘法得到的估计值将明显偏离真值。特别地，当 $|\boldsymbol{A}^{\mathrm{T}}\boldsymbol{A}| = 0$ 时，最小二乘法彻底失效。为了解决最小二乘法这一缺点，对结果进行阻尼最小二乘估计

$$\left(\boldsymbol{A}^{\mathrm{T}}\boldsymbol{A} + \varepsilon \boldsymbol{I}\right) \Delta \boldsymbol{D} = \boldsymbol{A}^{\mathrm{T}} \Delta \boldsymbol{Z} \tag{6-23}$$

$\varepsilon$ 为阻尼因子；$\boldsymbol{I}$ 为单位矩阵。

$$\Delta \boldsymbol{D} = \left(\boldsymbol{A}^{\mathrm{T}}\boldsymbol{A} + \varepsilon \boldsymbol{I}\right)^{-1} \boldsymbol{A}^{\mathrm{T}} \Delta \boldsymbol{Z} \tag{6-24}$$

对 $\boldsymbol{A}$ 进行奇异值分解 $\boldsymbol{A} = U\boldsymbol{\Sigma}\boldsymbol{V}^{\mathrm{T}}$，其中，$\Sigma = \mathrm{diag}\left(\lambda_1, \lambda_2, \cdots, \lambda_l\right)$ 为 $\boldsymbol{A}$ 的奇异值

$$\Delta \boldsymbol{D} = \boldsymbol{V} \begin{pmatrix} \dfrac{\lambda_1}{\lambda_1 + \varepsilon} & 0 & \cdots & 0 \\ 0 & \dfrac{\lambda_2}{\lambda_2 + \varepsilon} & \cdots & 0 \\ \vdots & \vdots & & \vdots \\ 0 & 0 & \cdots & \dfrac{\lambda_l}{\lambda_l + \varepsilon} \end{pmatrix} \boldsymbol{U}^{\mathrm{T}} \Delta \boldsymbol{Z} \qquad (6\text{-}25)$$

针对理想系统，引入精度所对应的误差，可得光学波前传感器所对应的检测误差，假设曲率传感离焦量为 2mm，前九阶 Zernike 多项式测量误差以 30% 计，每次都可以完全实现曲率传感所计算调整量，当要求测量误差小于 5% 时，迭代次数为 3。因此，在粗对准环节后，通过 "曲率传感-精调-曲率传感" 的迭代循环，即可实现大口径大视场望远镜主动光学调节。利用曲率传感进行迭代的效果如图 6.17 所示，通过两步迭代其误差，将误差有效抑制。

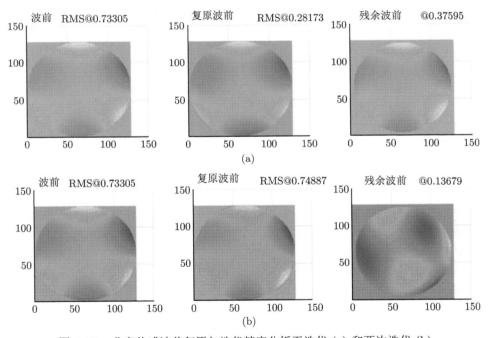

图 6.17　曲率传感波前复原与迭代精度分析无迭代 (a) 和两次迭代 (b)

## 参 考 文 献

[1] Roddier F. Curvature sensing: A difraction theory[R]. NOAO R&D Note, No.87-3, 1987.

[2] Blanchard P M, Fisher D J, Woods S C, et al. Phase-diversity wave-front sensing with a distorted diffraction grating[J]. Applied Optics, 2000, 39(35): 6649-6655.

[3]  Bely Y. The Design and Construction of Large Optical Telescopes[M]. New York: Springer, 2003.

[4]  Hardy J W. Active optics: A new technology for the control of light[J]. Proceedings of the IEEE, 1978, 66(6): 651-697.

[5]  Sholl M J , Kahan M A , Bebek C , et al. BigBOSS: Enabling widefield cosmology on the Mayall Telescope[J]. Proc. SPIE, 2011, 8127: 81270D.

[6]  Edeson R L , Shaughnessy B M , Whalley M S , et al. The mechanical and thermal design and analysis of the VISTA infrared camera[J]. Proc. SPIE, 2004, 5497: 508-519.

[7]  Hodapp K W, Kaiser N, Aussel H, et al. Design of the Pan-STARRS telescopes[J]. Astronomische Nachrichten, 2004: 636-642.

[8]  Benitez N, Bongiovanni A, Omill A, et al. J-PAS: The Javalambre-physics of the accelerated universe astrophysical survey[J]. arXiv: Cosmology and Nongalactic Astrophysics, 2014.

[9]  Sebring T A, Dunham E W, Millis R L, et al. The discovery channel telescope: A wide-field telescope in northern arizona[J]. Proc. SPIE, 2004: 658-666.

[10]  Roodman A, Reil K, Davis C J, et al. Wavefront sensing and the active optics system of the dark energy camera[C]. Proc. SPIE, 2014，9145(1): 51-79.

[11]  Holzlöhner R, Taubenberger S, Rakich A P, et al. Focal-plane wavefront sensing for active optics in the VST based on an analytical optical aberration model[C]. Proc. SPIE, 2016, 9906: 99066E.

[12]  Gunn J E, Siegmund W A, Mannery E J, et al. The 2.5m telescope of the sloan digital sky survey[J]. The Astronomical Journal, 2006, 131(4): 2332-2359.

[13]  Woods D F, Shah R Y, Johnson J A, et al. Space surveillance telescope: Focus and alignment of a three mirror telescope[J]. Optical Engineering, 2013, 52(5): 053604.

[14]  Harbeck D R, Boroson T, Lesser M, et al. The WIYN one degree imager 2014: Performance of the partially populated focal plane and instrument upgrade path[C]. Proc. SPIE, 2014, 9147: 91470P.

[15]  Miyazaki S, Komiyama Y, Nakaya H, et al. HyperSuprime: Project overview[J]. Proc. SPIE, 2006, 6269: 62690B.

[16]  Xin B, Claver C, Liang M, et al. Curvature wavefront sensing for the large synoptic survey telescope[J]. Applied Optics, 2015, 54(30): 9045-9054.

[17]  林清. 佘山 1.56 米望远镜 CCD 观测与预处理的规范化 [J]. 中国科学院上海天文台年刊, 1995(16): 169-175.

[18]  李德培. 2.16 米天文望远镜光学系统的调整 [J]. 光学仪器, 2000, 23(3): 1-6.

[19]  http://www.ynao.ac.cn/kyzz/2m4_telescope/.

[20]  肖春生, 安其昌. 离焦像边界对曲率传感精度影响研究 [J]. 光学精密工程, 2020, 28(10): 2260-2266.

[21]  Egdall I M. Manufacture of a three-mirror wide-field optical system[J]. Optical Engineering, 1985, 24(2): 242285.

[22] Yang X F, Han C Y. Novel algorithm for computer-aided alignment of wide field of view complex optical system[J]. Key Engineering Materials, 2007: 1066-1071.

[23] Oteo E, Arasa J. New strategy for misalignment calculation in optical systems using artificial neural networks[J]. Optical Engineering, 2013, 52(7): 074105.

[24] Haag S, Schranner M, Muller T, et al. Minimal-effort planning of active alignment processes for beam-shaping optics[J]. Proc. SPIE, 2015, (9343): 93430w.

[25] Schmitt R, Corves B, Loosen P, et al. Integrative Production Technology，Cognition-Enhanced, Self-optimizing Assembly Systems [M]. USA: Springer International Publishing, 2017: 877-990.

[26] Guerraramos D, Diazgarcia L, Trujillosevilla J M, et al. Piston alignment of segmented optical mirrors via convolutional neural networks[J]. Optics Letters, 2018, 43(17): 4264-4267.

[27] 张东阁, 傅雨田. 计算机辅助装调的代理模型方法 [J]. 红外与激光工程, 2013, 42(3): 680-685.

[28] 王钰, 张新, 王灵杰, 等. 基于人工神经网络方法的自由曲面光学系统装调 [J]. 光学学报, 2013, 33(12): 81-86.

[29] Xu Z, Yang P, Hu K, et al. Deep learning control model for adaptive optics systems[J]. Applied Optics, 2019, 58(8): 1998-2009.

# 第 7 章　全息光学波前传感技术

## 7.1　全息光学波前传感技术概述

　　全息光学波前传感是一种模式波前传感器,它利用计算机模拟一束具有某一 Zernike 模式最小幅度像差 $A_{\min}Z_i$ 的光波,与一束会聚于点 $A$ 的球面参考光波干涉,产生子全息图,如图 7.1 所示。另一束具有相同模式的最大幅度像差 $A_{\max}Z_i$ 的光波与一束会聚于点 $B$ 的球面参考光波干涉,形成子全息图。利用多元全息元件的特性,将两幅子全息图叠加,形成一幅包含着该种模式像差信息的多元全息图。当用一束具有同种模式,但像差幅度为 $A_iZ_i$ (介于 $A_{\min}$ 与 $A_{\max}$ 之间) 的光波照射全息图时,将同时复现出两束球面波,分别会聚于点 $A$ 与点 $B$。点 $A$ 与点 $B$ 的相对光强与系数 $Z_i$ 直接相关。若要测量更多 Zernike 模式的像差,则相应叠加更多对子全息图,并控制相干球面波的波矢方向,使聚焦的光斑在空间上分离。测量每对光斑的相对光强,即可得到相应的幅度,从而拟合出畸变波前。

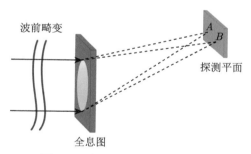

图 7.1　全息光学波前传感原理

　　目前全息光学波前传感技术主要还停留在理论分析与实验验证阶段,开展全息光学波前传感器研究的单位还集中在少数几家。英国牛津大学的 Mark Neil, Martin Booth 及 Tony Wilson 是最早提出模式光学波前传感方法的团队 [2],并进行了大量理论分析、数值仿真与实验验证工作,为全息光学波前传感研究做出了开创性的贡献。该团队的应用背景由于主要针对实时性要求不高的显微光学研究,所以后期逐步转向基于模式法的无波前传感自适应光学系统研究 [3]。

　　美国空军研究院激光研究中心 Andersen 等 [4-10] 是目前开展全息光学波前传感技术研究最深入的一支团队。他们于 2007 年提出采用球面载波生成复用全息图，并采用位置敏感元件，探测远场光斑相对光强。2009 年 Anderson 团队结合 OKO37 单元微机电系统 (MEMS) 变形镜建立了全息自适应光学系统，并取得了预期实验效果。2012 年之后，Anderson 团队又在前期工作的基础上，将单一离焦模式波前传感方法与区域法结合，提出了一种新型的并行高速波前传感方法，并利用这种新型波前传感器以及微机电变形镜，建立了全息自适应光学系统实验装置，该装置于 2014 年实现了高于 15kHz 的波前校正速率 [11-13]。

印度仪器研究与开发公司的 Mishra 和 Bhatt 针对基于计算全息元件在模式波前传感器中的应用开展了相关研究 [14,15]。剑桥大学工程学院的 Corbett 等于 2007 年将全息光学波前传感器应用于眼底成像自适应光学系统中，同一个课题组的 Feng 等于 2014 年又开展了全息光学波前传感器在光通信系统中应用的研究 [16-19]。德国斯图加特大学光学技术研究所的 Dong 等针对全息光学波前传感器响应灵敏度的优化方法开展了研究，并将低空间分辨率夏克-哈特曼光学波前传感器与全息光学波前传感方法结合，提出了一种新型的复用波前传感方法，提高了全息光学波前传感器的动态范围 [20-24]。

国内目前主要有国防科技大学和我们正在开展相关研究工作 [1]，国防科技大学刘长海等主要开展了相关数值模拟与初步的实验验证工作 [25-35]。他们探索了全息光学波前传感器对高阶像差的探测方法，并阐述了同时使用正负一级衍射光加载幅值相反的同一模式像差的方法，提高了全息光学波前传感器的光能利用率。2011 年，中国科学院长春光学精密机械与物理研究所开始了全息光学波前传感方法的研究，建立了全息光学波前传感器的数学模型，通过数值手段对传感器的响应灵敏度进行了分析。并于 2013 年，搭建了基于纯相位型全息元件以及雪崩光电二极管阵列的全息光学波前传感器，结合 21 单元变形镜建立了全息自适应光学系统，实现了变形镜初始面型展平以及大幅度静态像差的闭环校正 [36-40]。

全息光学波前传感器将多模式像差信息加载到复用全息元件中，利用输出信号与像差幅度之间的近似线性关系，直接测量波前畸变幅度。它用光学方法实现光学波前传感器的复杂矩阵计算，因而大幅度降低了运算量。随着数值计算和芯片技术的发展，有望将现在需要通过软件驱动的自适应光学系统，转变为纯硬件构成的高带宽自适应光学系统。全息光学波前传感器还具有对光强闪烁不敏感的优点，能够在强湍流、强闪烁的大气环境中工作。

## 7.2   全息光学波前传感技术工作原理

实际光学系统中波前畸变是一个二维连续函数，研究工作中一般采用一组正交基函数对系统像差进行描述。目前光学系统中最为常用的正交基底函数是由荷兰物理学家 F. Zernike 提出的 Zernike 多项式。

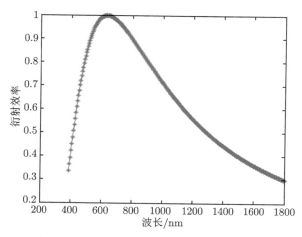

图 7.11 全息元件对不同波长的衍射效率

除衍射效率降低外, 色散是另一种主要影响。全息光学波前传感器的色散示意图, 如图 7.12(a) 所示, 图中红色光线波长大于绿色光线, 绿色光线波长大于蓝色光线。当采用白光光源入射全息图时, 采用 Nikon 公司彩色单反相机采集探测平面图样, 如图 7.12(b) 所示。由探测平面图样可以看出, 实测色散效果与理论分析完全一致。经过计算得到, 由于色散造成的光能量损失超过 95%, 因此全息自适应系统难以直接应用于白光照明系统。对于天文应用, 全息自适应系统难以直接将自然星作为参考, 需要激光导星的进一步配合。

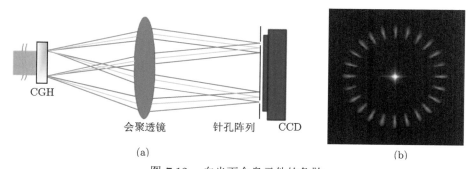

图 7.12 白光下全息元件的色散

## 7.3.2 动态全息系统标定和波前复原技术

数值模拟的参数: 波长 632.8nm, 全息图通光孔径 6mm, 直径方向分布 512 个采样点, 全息图平面与探测平面之间的距离为 3000mm, 所有光斑离轴距离均大于 10mm。设计动态全息自适应光学系统用于校正低 12 项 Zernike 模式像差, 分别为 $Z(2,0)$, $Z(2,-2)$, $Z(2,2)$, $Z(3,-1)$, $Z(3,1)$, $Z(4,0)$, $Z(3,-3)$, $Z(3,3)$,

$Z(4,2)$，$Z(4,-2)$，$Z(4,4)$，$Z(4,-4)$。各模式像差偏置幅度均为 ±0.5$\lambda$ (RMS)。采用求和平均的方式将 25 幅子全息图生成一副相位型复用全息图。成像通道与波前传感通道的光能之比被设计为 1:24。复用全息图中加载的校正项系数初始值设计为 0，初始的复用全息图，如图 7.13(a) 所示。采用理想平面波照射全息图后，探测平面 +1 级衍射光斑，如图 7.13(b) 所示。图中左半部分为波前传感通道形成的 24 个带有不同模式像差的光斑，右半部分为成像通道形成的成像光斑，也代表了系统的点扩散函数。

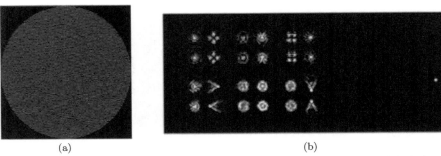

(a)　　　　　　　　　　　　　　　　　　　　(b)

图 7.13　(a) 液晶空间光调制器显示的初始复用全息图像，图中白点代表相位为 0，黑点相位为 $\pi$；(b) 理想平面波照射下探测平面光场强度分布

在波前传感通道的各个光斑的中心处，选择 1.5mm×1.5mm 的探测孔径 (约为 4 倍艾里斑直径)，对探测孔径内的光能量进行积分并计算相对光强。

下面分别采用两种不同的方法，模拟动态全息自适应系统的标定方法。方法一为外标定法，这种方法与全息自适应光学数值模拟中应用的方法完全相同，模拟入射光波具有不同单一模式像差且幅度连续变化，从而测量全息光学波前传感器输出响应，得到传感器对各模式像差的响应情况；方法二为内标定方法，即保持输入光波为理想平面波不变，连续调整动态全息图中加载的校正项系数，从而得到全息光学波前传感器对各个模式像差的响应。图 7.14 展示了波前传感通道进行标定的部分结果，其中图 7.14(a) 和 (b) 为采用外标定方法得到的波前传感通道对 $Z(2,2)$，$Z(3,1)$ 模式像差的响应灵敏度；图 7.14(c) 和 (d) 为采用内标定方法得到的波前传感通道对 $Z(2,2)$，$Z(3,1)$ 模式像差的响应灵敏度。

不论采用内标定方法还是外标定方法，得到的响应灵敏度曲线十分接近，这也可以看出加载在动态全息图的波前校正项，能够有效地模拟畸变波前，也间接证明了通过在复用全息图中叠加波前校正项能够达到波前校正的目的。

虽然两种方法都能够实现有效的传感通道标定，但是内标定方法更方便，更加易于工程实现，同时也更加体现出动态全息自适应光学系统的优势。所以在下面的实验中会将内标定方法作为唯一的标定方法。

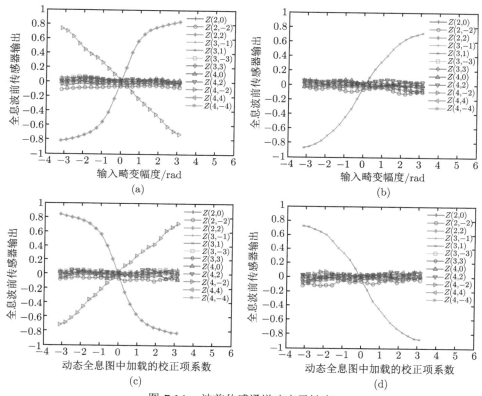

图 7.14　波前传感通道响应灵敏度

从图 7.14 中可以看出，动态全息自适应光学系统在入射光波畸变很小的情况下，波前传感通道响应灵敏度曲线具有很好的线性度。定义在零像差处灵敏度曲线的斜率为波前传感通道对某种模式 Zernike 像差的响应灵敏度。由于全息光学波前传感器的饱和效应，这种近似随着像差的增大，准确度会显著降低。但是传感器输出信号的极性仍旧是准确的，这就表示并不会显著影响最终自适应光学系统的闭环校正过程。从图 7.14 中还可以看出，动态全息自适应光学系统中存在模式间耦合效应，这一点与全息自适应光学系统完全一致。数值模拟得到了动态全息自适应光学系统的响应灵敏度矩阵 $S$ 与波前传感通道的零位偏置 $O$，分别如表 7.1 与表 7.2 所示。

假设对于某一入射畸变波前，波前传感通道测量得到输出信号为 $P_W$（显然 $P_W$ 为向量），则构成畸变波前的像差模式系数可以由下式近似求出：

$$Z = S^{-1} \times (P_W - O) \tag{7-16}$$

动态全息自适应光学系统数值模拟的具体结构程序框图，如图 7.15 所示。

表 7.1　动态全息自适应光学系统灵敏度矩阵 $S$

| | 输入像差模式 | | | | | | | | | | | |
| | $Z(2,0)$ | $Z(2,-2)$ | $Z(2,2)$ | $Z(3,-1)$ | $Z(3,1)$ | $Z(3,-3)$ | $Z(3,3)$ | $Z(4,0)$ | $Z(4,2)$ | $Z(4,-2)$ | $Z(4,4)$ | $Z(4,-4)$ |
|---|---|---|---|---|---|---|---|---|---|---|---|---|
| $P_{Z(2,0)}$ | 1.56 | 0.08 | 0.05 | 0.00 | −0.01 | 0.00 | −0.01 | −0.21 | −0.36 | 0.00 | 0.00 | 0.02 |
| $P_{Z(2,-2)}$ | −0.02 | 1.55 | −0.02 | 0.03 | 0.00 | −0.03 | 0.04 | 0.05 | −0.87 | −0.08 | −0.10 | −0.01 |
| $P_{Z(2,2)}$ | −0.01 | 0.04 | 1.63 | −0.03 | −0.01 | 0.00 | −0.03 | −0.01 | −0.03 | −0.85 | 0.00 | 0.03 |
| $P_{Z(3,-1)}$ | −0.04 | 0.02 | −0.01 | 1.24 | 0.03 | 0.00 | −0.12 | 0.00 | 0.04 | −0.03 | 0.01 | 0.00 |
| $P_{Z(3,1)}$ | −0.04 | −0.01 | −0.01 | 0.01 | 1.23 | 0.02 | −0.03 | −0.05 | −0.03 | −0.02 | −0.04 | −0.01 |
| $P_{Z(3,-3)}$ | −0.01 | −0.01 | −0.02 | −0.06 | 0.41 | 0.95 | 0.00 | 0.12 | 0.10 | 0.02 | −0.01 | −0.02 |
| $P_{Z(3,3)}$ | 0.01 | −0.02 | 0.02 | −0.42 | 0.02 | 0.02 | 0.95 | −0.01 | −0.03 | 0.01 | 0.02 | 0.01 |
| $P_{Z(4,0)}$ | −0.23 | −0.06 | −0.01 | −0.02 | 0.01 | 0.07 | −0.01 | 1.22 | −0.24 | −0.03 | −0.02 | 0.03 |
| $P_{Z(4,2)}$ | −0.04 | −0.33 | −0.01 | −0.01 | −0.08 | −0.05 | −0.02 | 0.03 | 1.77 | −0.06 | −0.08 | 0.01 |
| $P_{Z(4,-2)}$ | 0.07 | −0.01 | −0.55 | 0.00 | 0.00 | −0.02 | −0.01 | 0.02 | −0.04 | 1.65 | −0.02 | −0.01 |
| $P_{Z(4,4)}$ | 0.21 | 0.04 | −0.05 | 0.04 | −0.02 | 0.01 | 0.04 | 0.04 | −0.12 | −0.05 | 0.69 | −0.01 |
| $P_{Z(4,-4)}$ | 0.01 | 0.03 | 0.00 | 0.01 | 0.03 | −0.01 | 0.02 | 0.07 | −0.09 | 0.01 | 0.00 | 0.67 |

（传感器输出信号）

表 7.2　动态全息自适应光学系统零位偏置 $O$

| | 传感器输出信号 | | | | | | | | | | | |
| | $P_{Z(2,0)}$ | $P_{Z(2,-2)}$ | $P_{Z(2,2)}$ | $P_{Z(3,-1)}$ | $P_{Z(3,1)}$ | $P_{Z(3,-3)}$ | $P_{Z(3,3)}$ | $P_{Z(4,0)}$ | $P_{Z(4,2)}$ | $P_{Z(4,-2)}$ | $P_{Z(4,4)}$ | $P_{Z(4,-4)}$ |
|---|---|---|---|---|---|---|---|---|---|---|---|---|
| 平面波输入 | −0.014 | 0.048 | −0.009 | −0.042 | 0.062 | −0.037 | −0.006 | 0.033 | −0.031 | −0.012 | 0.007 | 0.026 |

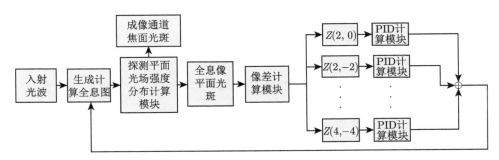

图 7.15　动态全息自适应光学系统数值模拟的具体结构程序框图

　　首先对系统加载一定幅度的初始像差, 然后基于衍射理论计算探测平面光场分布 (包括波前传感通道光斑与系统成像通道光斑), 通过波前传感通道每对光斑相对光强计算得到各个像差模式的幅度。而后进行比例积分微分控制 (PID) 运算得到波前校正量, 从而生成新一幅全息图。以此类推, 不断迭代直到系统达到稳态。

　　下面的数值模拟实验中, 加载初始像差 RMS 值为 $0.63\lambda$, 其中 $Z(2,0)$, $Z(2,-2)$, $Z(3,1)$, $Z(3,3)$ 为 $0.3\lambda$; $Z(4,0)$, $Z(4,-2)$, $Z(4,-4)$ 为 $0.15\lambda$。加载初始像差动态全息自适应光学系统的探测平面光场强度分布, 如图 7.16(a) 所示; 对成像通道光斑 (既系统点扩散函数) 部分放大后, 如图 7.16(b) 所示。经历若干次迭代, 系统达到稳态后, 光强探测平面光场强度分布, 如图 7.16(c) 所示; 对成像通道光斑 (即系统点扩散函数) 部分放大后, 如图 7.16(d) 所示。

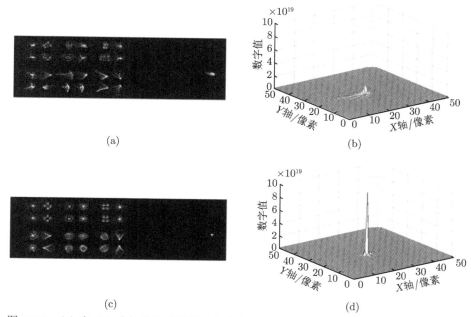

图 7.16　(a) 和 (b) 为加载初始像差动态全息自适应光学系统的探测平面光场强度分布；(c) 和 (d) 为校正系统达到稳定后探测平面光场强度分布

# 7.4　全息光学波前传感技术应用实例

## 7.4.1　基于液晶空间光调制器的全息自适应光学系统

使用液晶空间光调制器 (LC-SLM) 的全息自适应光学系统，实验光路原理图与实物如图 7.17 所示。

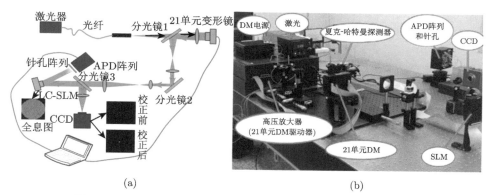

图 7.17　LC-SLM 全息自适应光学系统原理图 (a) 与实物图 (b)

　　激光器波长 632.8nm，采用 21 单元连续镜面分离促动器变形镜作为波前校正元件，压电促动器工作电压 0～110V。采用 Zygo 干涉仪测量了实验中使用的 21 单元变形镜对低阶 Zernike 像差的拟合能力，结果如图 7.18 所示。

　　将 $Z(2,0)$，$Z(2,-2)$，$Z(2,2)$，$Z(3,-1)$，$Z(3,1)$，$Z(4,0)$，$Z(3,-3)$，$Z(3,3)$，$Z(4,2)$，$Z(4,-2)$，$Z(4,4)$，$Z(4,-4)$ 设置为全息光学波前传感器探测对象。全息光学波前传感器由液晶空间光调制器，针孔阵列以及雪崩光电二极管阵列探测系统

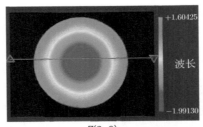

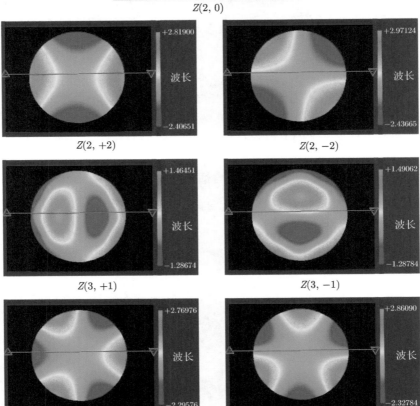

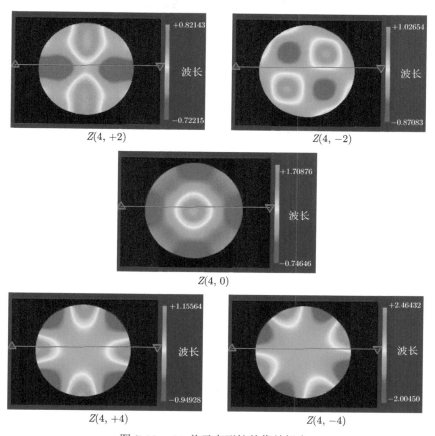

图 7.18　21 单元变形镜的像差拟合

构成。生成的相位型全息图由液晶空间光调制器显示，光瞳直径 $\varphi$ 6mm，相位调制深度 $1\pi$，全息像面距全息图距离 3000mm (为减小系统尺寸，使用一个平面镜将光路折叠)，全息光斑离轴距离大于 2cm，针孔滤波器直径 $\varphi$ 1mm。

实验开始前，由于针孔阵列存在对准误差以及雪崩光电二极管阵列探测系统存在非均匀性误差，因此需要标定系统零点。基于理想标准平面波入射全息光学波前传感器，连续采集 21 次传感器输出信号，如图 7.19(a) 所示。将这 21 次测量结果求均值作为全息光学波前传感器零点信号，之后的闭环校正目标就是使传感器输出信号尽可能达到与零位信号一致。在完成传感器零位标定后，由变形镜依次给出不同幅度的各个模式 Zernike 像差，通过测量雪崩光电二极管阵列探测器输出信号来标定全息光学波前传感器响应灵敏度，具体标定方法与前述数值模拟中相同，其中传感器对 $Z(2,2)$ 与 $Z(3,1)$ 模式像差的响应灵敏度曲线如图 7.19(b) 与 (c) 所示。

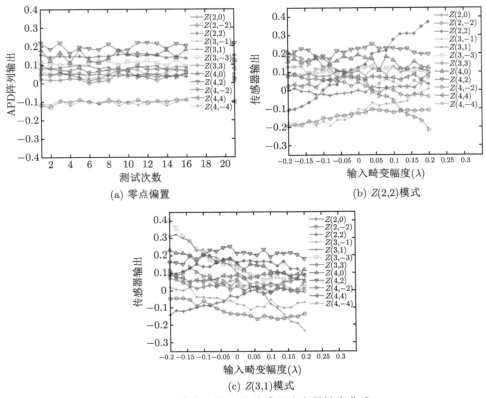

(a) 零点偏置　　　　　　　　　(b) $Z(2,2)$ 模式

(c) $Z(3,1)$ 模式

图 7.19　全息光学波前传感器响应灵敏度曲线

完成标定后，进行变形镜展平实验，校正频率 200Hz。当 21 单元变形镜所有促动器均加载 55V 电压时，成像 CCD 采集到焦平面光斑，如图 7.20(a) 所示，焦平面光场分布如图 7.20(b) 所示。当系统闭环工作并达到稳态后，成像 CCD 采集到焦平面光斑如图 7.20(c) 所示，焦平面光场分布如图 7.20(d) 所示，闭环校正后，波前残差小于 0.08λ。

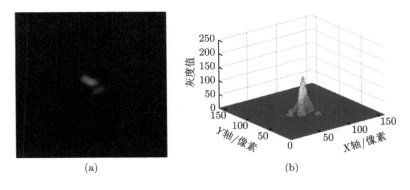

(a)　　　　　　　　　　　　　(b)

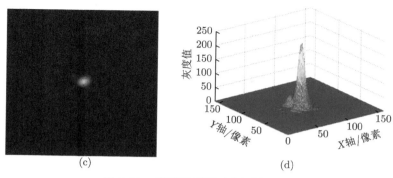

图 7.20 变形镜展平及点扩散函数

图 7.21(a)~(d) 分别给出了经过第一、二、三次以及第十次校正后系统点扩散函数。

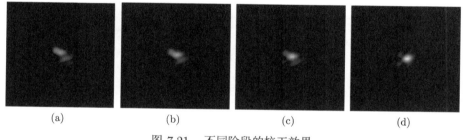

图 7.21 不同阶段的校正效果

为评估系统的动态响应特性，记录了 13 次校正过程中的全息自适应系统斯特列尔比变化情况，如图 7.22 所示。

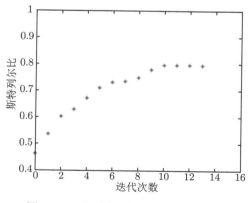

图 7.22 焦面光斑斯特列尔比的改进

上述实验表明，全息自适应系统可以通过若干次闭环校正实现对畸变波前的有效校正。基于低 12 项 Zernike 像差探测的全息光学波前传感器所具有的波前探测能力，能够与 21 元连续镜面分离促动器变形镜的波前校正能力有效匹配。

### 7.4.2　基于全息元件的全息自适应光学系统

用全息元件的全息自适应光学系统，光路原理以及实物 (未包括雪崩光电二极管阵列)，如图 7.23 所示。

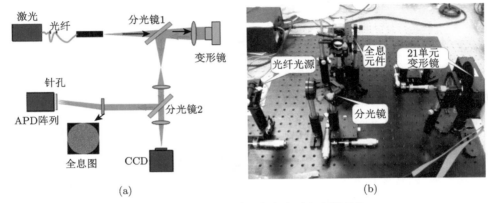

图 7.23　用全息元件的全息自适应光学系统

实验中使用的激光波长 632.8nm，采用 21 单元变形镜作为波前校正元件。全息光学波前传感器由全息元件、针孔阵列及雪崩光电二极管阵列探测系统构成。与用液晶空间光调制器的全息自适应系统相同，将 $Z(2,0)$，$Z(2,-2)$，$Z(2,2)$，$Z(3,-1)$，$Z(3,1)$，$Z(4,0)$，$Z(3,-3)$，$Z(3,3)$，$Z(4,2)$，$Z(4,-2)$，$Z(4,4)$，$Z(4,-4)$ 设置为全息光学波前传感器探测对象。光瞳直径 $\varphi$ 2.6mm，全息元件分辨率 1μm，所以全息图在直径方向上采样率为 2600，相位型全息元件相位调制深度为 $1\pi$，全息像面距全息图距离 1500mm，全息光斑离轴距离大于 2cm，针孔滤波器直径 $\varphi$ 1mm。

实验开始前同样需要进行系统标定，标定方法与 7.4.1 节相同，实验中系统校正频率同样为 200Hz。通过改变变形镜的初始电压破坏变形镜面形，从而引入了一个较大的波前畸变。变形镜加载初始畸变面形后，焦面相机采集到成像光斑，如图 7.24(a) 所示，焦平面光场分布，如图 7.24(b) 所示。自适应光学系统闭环校正并达到稳态后，焦平面采集到成像图像，如图 7.24(c) 所示，焦平面光场分布，如图 7.24(d) 所示。校正后，波前残差 RMS 值优于 0.1λ。通过最终校正效果可以看出，全息元件自适应光学系统能够实现对波前畸变的有效校正。

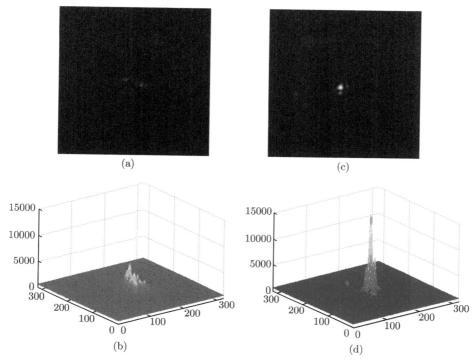

图 7.24 用全息元件的全息自适应系统的变形镜展平

### 7.4.3 基于动态全息光学波前传感技术的自适应光学系统

一套动态全息自适应光学系统的实验光路，如图 7.25 所示。

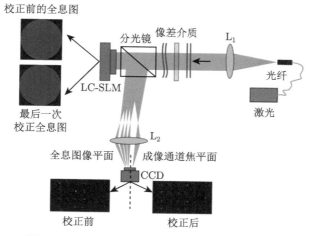

图 7.25 动态全息自适应光学系统的实验光路

　　系统仅用了一个液晶空间光调制器与一个 CCD 探测器。液晶空间光调制器用 BNS 公司具有 $2\pi$ 调制深度的纯相位空间光调制器,分辨率 256×256 像素,像元尺寸 24μm。CCD 探测器采用的 Truesense Imaging 公司的 KAI-2093 型 CCD 传感器,分辨率 1920×1080 像素,像元尺寸 7.4μm。设计复用全息图对低 8 项 Zernike 模式像差进行探测,分别为 $Z(2,0)$, $Z(2,-2)$, $Z(2,2)$, $Z(3,-1)$, $Z(3,1)$, $Z(3,3)$, $Z(3,-3)$ 及 $Z(4,0)$。复用全息图中加载的球面载波焦距为 2000mm,探测平面上的所有有效信号光斑离轴距离均大于 1cm。设计动态全息自适应实验系统的成像焦距为 2000mm,成像通道与波前传感通道光能量比为 1:23。图 7.25 中 L2 透镜焦距为 75mm。如果应用一个具有更大光学尺寸的 CCD 器件,透镜 L2 可以不用。实验中采用一个薄片作为像差介质用于引入一定量的静态像差。系统校正前,液晶空间光调制器加载的全息图样 (校正项系数为 0),如图 7.26(a) 所示。图 7.26(b) 是引入像差介质后系统 CCD 采集到的系统探测全息图样,CCD 靶面左半平面的 16 个光斑为波前传感通道形成的信号光斑,右半平面为系统成像光斑,也就是系统的点扩散函数。图 7.26(c) 是 CCD 探测器靶面的右半部光场强度分布。

　　图 7.26(d) 是用于进行第一次波前校正的动态全息图样。图 7.26(e) 和 (f) 是经过第一次校正后的动态全息自适应系统探测平面光场分布。经过 7 次校正过程,闭环校正系统达到稳态,图 7.26(d) 展示用于进行第七次波前校正的动态全息图样。图 7.26(e) 和 (f) 是经过第七次校正后的动态全息自适应系统探测平面光场分布与系统点扩散函数。为评估系统动态性能,分析校正过程中的系统斯特列尔比与波前畸变 RMS 值的变化情况,分别如图 7.27(a) 和 (b) 所示。从图中可以看出,系统经过约 5 次闭环校正后即达到稳态,校正后残差 $0.06\lambda$。

　　动态全息自适应系统是一种结构简单的自适应光学系统,最小系统由一个液晶空间光调制器与一个 CCD 器件构成。同时,这种系统还具有配置灵活的特性。

　　首先,通过调整全息图中的复用子全息图数目与种类,能够实现系统探测与补偿模式的改变,并能够根据需要补偿的波前畸变幅度来调整全息传感器的偏置,从而使传感器保持合理的动态范围与探测精度。

　　其次,通过改变成像通道与波前传感通道全息图系数之比,能够在一定程度上调节波前传感光斑与成像光斑能量之比,这在以往的自适应光学系统中是难以做到的。

　　最后,动态全息自适应系统的成像光路与波前探测光路的数值口径可以改变,并且成像光路与波前探测光路的数值口径可以不同,这一点有益于一些需要更长成像焦距的自适应系统,但是在这种配置下,动态全息自适应系统需要两个 CCD 相机,分别用于采集成像通道与波前传感通道光斑。

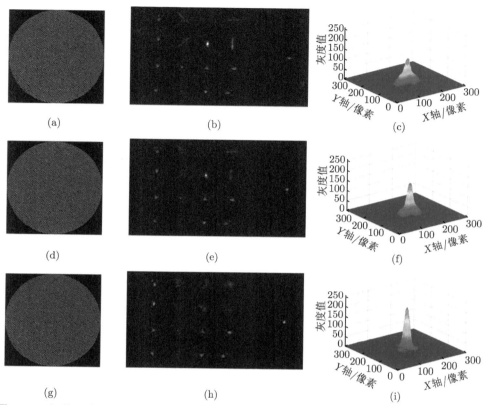

图 7.26 加载于液晶空间光调制器上的全息图样校正前 (a)、第一次校正后 (d)、最终校正后 (g)；探测平面光强分布校正前 (b)、第一次校正后 (e)、最终校正后 (h)；系统点扩散函数校正前 (c)、第一次校正后 (f)、最终校正后 (i)

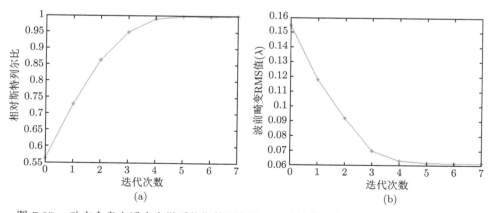

图 7.27 动态全息自适应光学系统斯特列尔比 (a) 和波前畸变 RMS 值的变化情况 (b)

应该说明，基于目前的液晶空间光调制技术，动态全息自适应技术还仅限于单色光照明系统，难以在白光系统中应用。另外，受限于液晶空间光调制器的响应速度，要实现高速波前校正还有困难。如有需要，可开展基于变形镜的动态全息自适应系统的研究。

可以看出，波前校正项及其以外的复用全息图，能够通过简单叠加方式实现，因此可以设想一种基于全息掩膜变形镜的动态全息自适应光学系统，其中一种可行的光路配置建议如图 7.28 所示。

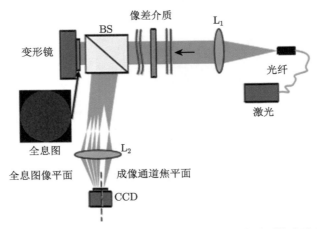

图 7.28　基于全息掩膜变形镜的动态全息自适应光学系统光路配置

## 参 考 文 献

[1] 姚凯男. 全息波前传感方法与动态全息自适应光学研究 [D]. 长春：中国科学院长春光学精密机械与物理研究所，2015.

[2] Neil M A A, Booth M J, Wilson T. Closed-loop aberration correction by use of a modal Zernike wave-front sensor [J]. Optics Letters, 2000, 25(15): 1083-1085.

[3] Booth M. Wave front sensor-less adaptive optics: A model-based approach using sphere packings [J]. Optics Express, 2006, 14(4): 1339-1352.

[4] Andersen G P, Reibel R. Holographic wavefront sensor [P]. US: 7268937B1, 2007.

[5] Andersen G P. Holographic adaptive optic system [P]. US: 7495200B1, 2009.

[6] Andersen G P, Reibel R. Holographic wavefront sensor[C]. Proc. SPIE. 2005, 5894: 58940O-1-58940O-8.

[7] Andersen G P. Fast holographic wavefront sensor: Sensing without computing [C]. Proc. SPIE, 2006, 6272: 6272E-1-6272E-8.

[8] Andersen G, Ghebremichael F, Gurley K S. Fast computing-free wavefront sensing [C]. OSA/AO, 2007.

[9] Andersen G, Ghebremichael F, Gurley K. Holographic wavefront sensor: Fast sensing, no computing[C]. Proc. SPIE, 2007, 6488: 648801-648808.

[10] Ghebremichael F, Andersen G P, Gurley K S. Holography-based wavefront sensing [J]. Applied Optics, 2008, 47(4): A62-A70.

[11] Anderson G P, Dussan L, Ghebremichael F, et al. Holographic wavefront sensor [J]. Optical Engineering, 2009, 48(8): 085801-1-085801-5.

[12] Andersen G P. Fast, autonomous holographic adaptive optics[C]. Proc. SPIE, 2010, 7736: O1-O8.

[13] Andersen G, Austin P G, Gaddipati R, et al. Fast, compact, autonomous holographic adaptive optics [J]. Optics Express, 2014(22): 9432-9441.

[14] Bhatt R, Mishra S K, Mohan D, et al. Direct amplitude detection of Zernike modes by computer-generated holographic wavefront sensor: Modeling and simulation [J]. Opt. Laser Eng., 2008, 46: 428-439.

[15] Mishra S K, Bhatt R, Mohan D. Differential modal Zernike wavfront sensor employing a computer-generated hologram: A proposal [J]. Applied Optics, 2009, 48(33): 6458-6465.

[16] Corbett A D, Wilkinson T D, Zhong J J, et al. Designing a holographic modal wavefront sensor for the detection of static ocular aberrations [J]. J. Opt. Soc. Am. A, 2007, 24(5): 1266-1275.

[17] Corbett A D, Gil Leyva D, Diaz-Santana L, et al. Characterising a holographic modal phase mask for the detection of ocular aberrations [C]. Proc. SPIE, 2005, 6018: 1-11.

[18] Feng F, White I H, Wilkinson T D. Aberration correction for free space optical communications using rectangular Zernike modal wavefront sensing [J]. J. Lightwave Technol., 2014, 32(6): 1239-1245.

[19] Feng F, White I H, Wilkinson T D. Holographic wavefront sensing and correction for free space optical communications [C]. Asia Communications and Photonics Conference, 2013.

[20] Dong S, Haist T, Osten W. Hybrid wavefront sensor for the fast detection of wavefront disturbances [J]. Applied Optics, 2012(51): 6268-6274.

[21] Dong S H, Haist T, Osten W, et al. Response analysis of holography-based modal wavefront sensor [J]. Applied Optics, 2012, 51(9): 1318-1327.

[22] Dong S H, Haist T, Osten W, et al. Response analysis and experimental results of holography-based modal Zernike wavefront sensor [C]. Proc. SPIE 8165, Unconventional Imaging, Wavefront Sensing, and Adaptive Coded Aperture Imaging and Non-Imaging Sensor Systems, 2011: 816506.

[23] Dong S H, Haist T, Osten W, et al. Holographic combination of low-resolution Shack-Hartmann sensor and holography-based modal Zernike wavefront sensor [C]. Proc. SPIE 8447, Adaptive Optics Systems Ⅲ, 2012: 84473Y.

[24] Dong S H, Haist T, Dietrich T, et al. Hybrid curvatureand modal wavefront sensor [J]. Proc. SPIE 9227, Unconventional Imaging and Wavefront Sensing, 2014: 922702.

[25] 刘长海, 姜宗福. 全息模式波前传感器理论分析及数值模拟 [J]. 中国激光, 2009, 36(s2): 147-152.

[26] 刘长海, 习锋杰, 黄盛炀, 等. 基于复用全息元件的多阶模式偏置波前传感器 [J]. 中国激光,

2011, 38(2): 0214002-1-6.

[27]   刘长海, 姜宗福, 黄盛炀, 习锋杰. 模式偏置波前传感器理论模拟及实验验证 [J]. 强激光与
       粒子束, 2011, 23(2): 344-348.

[28]   刘长海, 姜宗福, 黄盛炀, 马浩统. 全息模式波前传感器的像差探测 [J]. 光学学报, 2010,
       30(11): 3069-3073.

[29]   Liu C H, Xi F J, Ma H T, et al. Modal wavefront sensor based on binary phase-only
       multiplexed computer-generated hologram [J]. Applied Optics, 2010, 49(27): 5117-5124.

[30]   Liu C H, Xi F J, Huang S Y, et al. Performance analysis of multiplexed phase computer-
       generated hologram for modal wavefront sensing [J]. Applied Optics, 2011, 50(11): 1631-
       1641.

[31]   Liu C H, Jiang Z F, Huang S Y, et al. Performance of mode-biased wavefront sensor
       to detect multiple aberration modes [C]. Proc. SPIE 7656, 5th International Sympo-
       sium on Advanced Optical Manufacturing and Testing Technologies: Optical Test and
       Measurement Technology and Equipment, 2010: 76560M.

[32]   Liu C H, Jiang Z F, Huang S Y, et al. Design, manufacturing, and testing of micro- and
       nano-optical devices and systems [C]. Proc. SPIE 7508, 5th International Symposium
       on Advanced Optical Manufacturing and Testing Technologies, 2010: 765707.

[33]   Liu C H, Jiang Z F, Xi F J, et al. Advanced sensor technologies and plications [C]. Proc.
       SPIE 7508, 2009 International Conference on Optical Instruments and Technology, 2009:
       750809.

[34]   Liu C H, Yang Y, Guo S P, et al. Modal wavefront sensor employing stratified computer-
       generated holographic elements [J]. Optics and Lasers in Engineering, 2013, 51(11):
       1265-1271.

[35]   Liu C H, Men T, Xu R, et al. Analysis and demonstration of multiplexed phase
       computer-generated hologram for modal wavefront sensing [J]. Optik-International Jour-
       nal for Light and Electron Optics, June 2014, 125(11): 2602-2607.

[36]   姚凯男, 王建立, 吴元昊, 等. 基于全息术的无计算波前传感方法 [J]. 光学学报, 2013,
       33(12): 1209001.

[37]   唐艳秋, 孙强, 赵建, 等. 一种基于全息术的光学系统闭环像差补偿方法 [J]. 物理学报,
       2015, 64(2): 024206.

[38]   Yao K N, Wang J L, Liu X Y, et al. Closed-loop adaptive optics system with a single
       liquid crystal spatial light modulator [J]. Optics Express, 2014, 22(14): 17216-17226.

[39]   Yao K N, Wang J L. A computing-free wavefront sensing method based on holography
       [C]. CIOMP-OSA Summer Session on Optical Engineering, Design and Manufacturing,
       Optical Society of America, 2013: Tu19.

[40]   Liu W, Shi W X, Yao K N, et al. Fiber coupling efficiency analysis of free space optical
       communication systems with holographic modal wave-front sensor [J]. Optics & Laser
       Technology, 2014, 66(3): 116-123.

# 第 8 章　相位恢复与相位差异光学波前传感技术

　　光学波前传感技术按传感器在光学系统中所处的位置，可分为光瞳面光学波前传感技术与焦平面光学波前传感技术。光瞳面光学波前传感器处于光学系统的出瞳位置，如哈特曼光学波前传感器、干涉仪等。而焦平面光学波前传感器处于成像光学系统的像面位置，往往不需要加入辅助的光学元器件，仅用成像探测器进行信号采集，再经过后续数据处理就可计算得到波前信息。基于焦面图像信息的波前解算系统也称为焦平面光学波前传感器，有着光瞳面光学波前传感器不可替代的优势，它通过采集多帧给定离焦像差的短曝光图像，解算得到光学系统的波前相位信息，并可以利用 Zernike 多项式拟合得到各个单项像差。

　　焦平面光学波前传感技术 [1] 最常见的有相位恢复 (phase retrieval, PR) 光学波前传感技术 [2-4]、相位差异 (phase diversity, PD) 光学波前传感技术 [5]、相位恢复的参数法 (phase-diversity phase retrieval, PDPR) 光学波前传感技术、扩展 Zernike 法 (extend Nijboer-Zernike, ENZ) 光学波前传感技术。其中 PR 和 PDPR 偏重于波前传感，它们的检测精度高。PD 偏重于图像恢复，但是对于检测也有较好效果，尤其是可以用于对面目标成像的波前探测。当相机采样频率大于等于内奎斯特下界时，如果目标为点源，则使用 PR 或 PDPR；如果为面目标则使用 PD。当相机采样频率小于内奎斯特下界并且目标为点源时，使用 ENZ。焦平面光学波前传感器与干涉仪相比，可克服振动和环境干扰对图像的影响，可满足不同的检测环境和振动条件；与哈特曼探测器相比，可以解算出它获得不了的高频像差分量。

　　焦平面光学波前传感技术可用于光学系统的在位检测，即可以不用改变光学系统，而直接测量出整个系统的传递函数和波前畸变。也可用于在轨定量检测、拼接镜的共焦共像检测等领域。

## 8.1　相位恢复光学波前传感技术概述

　　PR 光学波前传感技术是一种基于焦面图像信息波前解算的焦平面波前探测技术，其原理是通过采集多幅给定离焦量的图像，根据傅里叶光学衍射理论和数学最优化方法解算得到光学系统的波前相位信息。哈勃空间望远镜 (Hubble Space Telescope，HST) 如图 8.1 所示 [6-10]，发射升空后不久，美国研究人员发现光学系统存在严重的像差。如果能检测出像差的大小和原因将对望远镜成像起到三个主要的作用：首先，可以采取手段修正像差；其次，能掌握如何对准望远镜次镜的方法，以降低像散和彗差；最后，计算分析出系统的点扩散函数 (PSF) 用于清晰化望远镜采集到的退化图像。HST 采用的光学系统像差诊断方法是基于 PR 光学波前传感技术的，通过连续采集不同离焦量的恒星图像，得到光学系统的波前相位信息，拟合分离出各单项像差，与设计仿真比较后，发现望远镜存在严重的球差，这是 PR 光学波前传感技术在光学故障诊断中成功应用的范例之一。

图 8.1    哈勃空间望远镜

美国航空航天局喷气推进实验室正在探索的下一代拼接空间望远镜 (The James Webb Space Telescope，JWST)[11-20]，同样使用了 PR 光学波前传感技术。主镜直径 6.5m，采用 18 块 1.3m 的六边形子镜拼接而成，光学设计和制造公差要求在 $\lambda/20$ 范围之内，以达到衍射极限性能，如图 8.2 所示。综合各种技术，JWST 试运行和定期光学维护采用了基于图像信息的波前感知和控制系统来对齐各子镜的位置，降低外形误差带来的影响。该波前感知技术通过采集点光源的恒星图像，基于其图像信息来进行迭代处理，从而恢复出光学相位信息。为验证 PR 光学波前传感技术的效果，确保 JWST 在空间展开后满足设计要求，该实验室另外构建了一个米级拼接测试平台望远镜。

由于在获取 HST 和 JWST 像差方面得到了令人鼓舞的成功，PR 技术被看作是另一种著名的光学波前传感技术，并已被应用于球面和旋转对称非球面的测量，其测量精度可以与干涉仪相当。与传统的干涉法相比，PR 光学波前传感技术不需要参考臂，成本低，具有结构简单、不易受振动和环境干扰等特点，因而适用于大型光学零件的在位测量。采用 PR 光学波前传感技术，可以使测量装置更紧凑、更便宜、更稳定，更重要的是，它甚至具有在线检测的潜力。

近几年来，国内针对 PR 光学波前传感技术方面也开展了大量的研究，国防科技大学对基于 PR 法的光学设备检测进行了深入研究 [21,22]；中国科学院长春光学精密机械与物理研究所对 PR 光学波前传感技术进行了室内检测实验，用空间光调制器产生波前畸变，并用干涉仪与 PR 法对比测量，取得了良好的效果，对于波前 RMS 的测量精度达到千分之五波长左右。

图 8.2 下一代拼接空间望远镜

## 8.2 相位恢复光学波前传感技术基本原理

### 8.2.1 相位恢复工作原理

PR 技术利用光场的衍射模型，对假设的输入光场进行衍射计算，得到输出面光场的强度分布。将计算得到的输出面光场的强度与真实相位产生的场强数据相比较，以两者误差最小为准则，通过迭代或搜索找到最符合真实场强数据的相位分布 [23−25]。

PR 系统是将激光点光源放在物平面作为目标，在指定离焦面上采集图像，然后利用采集来的图像、图像所对应的离焦量、已知的光瞳大小与形状这三个已知条件，来反向解算光学系统像差的一种焦平面光学波前传感技术。PR 测量光路原理示意图，如图 8.3 所示。

假设被测系统的通光孔径为 $D$，焦距为 $Z$，激光光源的中心波长为 $\lambda$，光瞳函数为 $|f(x)|$，其中 $x$ 为一个二维向量，波前畸变为 $\eta$，则在焦平面上，它的广义光瞳函数是

$$f(x) = |f(x)| \exp\left[ i\eta(x) \right] \tag{8-1}$$

其中，$\eta$ 可以用 Zernike 多项式拟合，$\eta(x) = \sum_n \alpha_n Z_n(x)$。其中实数 $\alpha_n$ 表示第 $n$ 项 Zernike 多项式系数，$Z_n$ 表示第 $n$ 项 Zernike 多项式基底。

对于线性光学系统, 广义光瞳 $f(x)$ 在离焦量为 $\delta$ 的平面上的脉冲响应函数 $F(u)$ 为

$$F(u) = |F(u)| \exp[\mathrm{i}\psi(u)] = \mathrm{FT}\{f(x) \exp[\varepsilon(x,\delta)]\} \tag{8-2}$$

其中, $x$ 是光瞳域坐标, $u$ 是像域坐标, $x$ 和 $u$ 都是二维向量; $\psi$ 为脉冲响应的相位部分; FT 为二维傅里叶变换, $\mathrm{FT}^{-1}$ 为二维傅里叶逆变换; $\varepsilon(x,\delta)$ 表示在位置 $x$ 处, 由离焦量 $\delta$ 所造成的波前畸变。

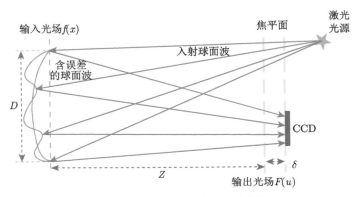

图 8.3 PR 测量光路原理示意图

对于一个 PR 系统, 式 (8-1) 中的 $|f(x)|$ 是已知的被测光学系统的先验条件, 对应于光瞳的大小与形状; $|F(u)|$ 是通过 CCD 采集来的图像; 而 CCD 所在位置的离焦量为 $\delta$。用 PR 进行波前探测的目的就是通过以上的已知量来计算出 $\eta(x)$。所以, 可把 PR 问题描述为: 已知 $|f(x)|$, $\delta_1$, $|F_1(u)|^2$, $\delta_2$, $|F_2(u)|^2$, $\cdots$, $\delta_M$, $|F_M(u)|^2$, 其中 $|f(x)|$ 是光瞳函数, 而距离焦面 $\delta_1, \delta_2, \cdots, \delta_M$ 处采集的图像分别为 $|F_1(u)|^2, |F_2(u)|^2, \cdots, |F_M(u)|^2$, 求光瞳的波前畸变 $\eta$。

PR 系统的目标函数及其关于 Zernike 系数的导数分别为

$$B_k = E_{Fk}^2 = N^{-2} \sum_{m=1}^{M} \sum_{u} \left[ |G_{m,k}(u)| - |F(u)| \right]^2 \tag{8-3}$$

$$\partial_{\alpha_n} B_k = -2 \sum_{m} \sum_{x} |f(x)| \left| g'_{m,k}(x) \right| \sin \left[ \theta'_{m,k}(x) - \theta_{m,k}(x) \right] Z_n(x) \tag{8-4}$$

有了目标函数 (8-3) 及其对各项 Zernike 系数的导数 (8-4), 便可以用数学最优化的办法求解波前的各项 Zernike 系数值。这里使用的是拟牛顿法中的 Limited BFGS (L-BFGS) 算法。求解步骤如下。

第零步: 选定初始点 $\boldsymbol{\alpha}^0 \in \boldsymbol{R}^n$ 和初始对称正定矩阵 $\boldsymbol{H}^0 \in \boldsymbol{R}^{n \times n}$。设定搜索精度 $\varepsilon > 0$ 和有限记忆次数 $m$。计算梯度 $\partial_{\alpha} B(\boldsymbol{\alpha}^0)$, 并令 $k = 0$。

第一步: 若 $\|\partial_\alpha B(\boldsymbol{\alpha}^k)\| \leqslant \varepsilon$, 则算法终止, 得到最优解 $\boldsymbol{\alpha}^k$, 即为所求波前的各项 Zernike 系数值。否则, 令 $d^k = -\boldsymbol{H}_k \partial_\alpha B(\boldsymbol{\alpha}^k)$。

第二步: 采用非精确线性搜索策略, 按式 (8-3) 及式 (8-4) 确定步长 $c_k$, 更新 $\boldsymbol{\alpha}^{k+1} = \boldsymbol{\alpha}^k + c_k d^k$, 并按式 (8-3) 计算梯度值 $\partial_\alpha B(\boldsymbol{\alpha}^{k+1})$。

第三步: 利用初始值 $\boldsymbol{H}_0$ 或者中间信息构造 $\boldsymbol{H}_k^{(0)}$, 反复利用式 (8-5) 进行 $m+1$ 次修正得到 $\boldsymbol{H}_{k+1}$

$$\boldsymbol{H}_{k+1} = \left(I - \frac{s_k y_k^{\mathrm{T}}}{s_k^{\mathrm{T}} y_k}\right) \boldsymbol{H}_k^{(0)} \left(I - \frac{y_k s_k^{\mathrm{T}}}{s_k^{\mathrm{T}} y_k}\right) + \frac{s_k s_k^{\mathrm{T}}}{s_k^{\mathrm{T}} y_k} \tag{8-5}$$

其中, $s_k = \boldsymbol{\alpha}^{k+1} - \boldsymbol{\alpha}^k$; $y_k = \partial_\alpha B(\boldsymbol{\alpha}^{k+1}) - \partial_\alpha B(\boldsymbol{\alpha}^k)$。

第四步: 令 $k = k+1$, 转第一步。其中 $\boldsymbol{\alpha} = [\alpha_1, \cdots, \alpha_n]'$, $\boldsymbol{\alpha}^k$ 表示第 $k$ 次迭代所得到的 $\alpha$ 的值。在 L-BFGS 算法中, 只需要存储 $m+1$ 个向量组 $\{\boldsymbol{s}_i, \boldsymbol{y}_i\}_{i=k-m}^k$ 就能够计算出下次迭代的 Hessian 矩阵的逆近似。在实际计算中, 通常要根据问题规模及机器性能选择合适的 $m$ 值来控制存储量。一般 $m$ 取值为 3~20。

### 8.2.2 相位恢复常用算法

近年来, 由于在信号复原、光学衍射元件设计等方面的广泛应用, PR 算法已成为光学领域的重要研究方向之一 [22]。

#### 1. GS 算法

PR 核心问题是迭代 GS (Gerchberg-Saxton) 算法。它最早由 Gerchberg 等在 1972 年提出 [27,28], 开创了 PR 技术应用的基础, 随后相继出现了各种算法, 使得 PR 技术得到了广泛地应用, 如波前探测 [28]、X 射线结晶学 [29-33]、天文学 [34] 及反散射问题 [35] 等。

GS 算法可以描述如下: 令 $g_{m,k}, \theta_{m,k}, G_{m,k}, \phi_{m,k}$ 分别为第 $m$ 幅图像迭代第 $k$ 次时对 $f, \eta, F, \psi$ 的估计值, $g_k$ 表示第 $k$ 次迭代时用各个 $g_{m,k}$ 对 $f$ 的联合估计, 求 $g_k(x) = \frac{1}{M}\sum_{m=1}^M g_{m,k}(x)$。

GS 算法的步骤如下。

(1) 初始化: $k = 0, \theta_{m,k} = 0, \varepsilon_m(x) = \varepsilon(x, \delta_m) = \frac{\pi \delta_m \|x\|^2}{\lambda Z^2}, g_k(x) = |f(x)|$, $m \in [1, M]$

(2) $\begin{aligned} G_{m,k}(u) &= |G_{m,k}(u)| \exp[\mathrm{i}\phi_{m,k}(u)] \\ &= \Im\{g_k(x)\exp[\mathrm{i}\varepsilon_m(x)]\} \end{aligned}$, $\quad m \in [1, M]$ $\tag{8-6}$

(3) $G'_{m,k}(u) = |F(u)| \exp[\mathrm{i}\phi_{m,k}(u)]$, $\quad m \in [1, M]$ $\tag{8-7}$

(4) $\begin{aligned} g'_{m,k}(x) &= |g'_{m,k}(x)| \exp[\mathrm{i}\theta'_{m,k}(x)] \\ &= \mathrm{FT}^{-1}[G'_{m,k}(u)] \exp[-\varepsilon_m(x)] \end{aligned}$, $\quad m \in [1, M]$ $\tag{8-8}$

(5) $g_{m,k+1}(x) = |f(x)| \exp[i\theta_{m,k+1}(x)]$,　　$m \in [1, M]$　　　　　(8-9)
$$= |f(x)| \exp[i\theta'_{m,k}(x)]$$

(6) $g_{k+1}(x) = \dfrac{1}{M} \sum_{m=1}^{M} g_{m,k+1}(x)$　　　　　　　　　　　　(8-10)

反复步骤 (2)~ 步骤 (6)，直到退出条件满足。退出条件可以是迭代次数的限制，也可以是目标函数下降到指定值。

目标函数为

$$B_k = E_{Fk}^2 = N^{-2} \sum_{m=1}^{M} \sum_{u} \left| G_{m,k}(u) - G'_{m,k}(u) \right|^2 \qquad (8\text{-}11)$$

其中，$N$ 表示采集图像的宽度。根据式 (8-6)、式 (8-7) 可知，$G_{m,k}(u)$ 与 $G'_{m,k}(u)$ 的相位部分相等，所以式 (8-11) 又可以化为

$$B_k = E_{Fk}^2 = N^{-2} \sum_{m=1}^{M} \sum_{u} \left| G_{m,k}(u) - F(u) \right|^2 \qquad (8\text{-}12)$$

GS 算法整个过程，如图 8.4 所示。

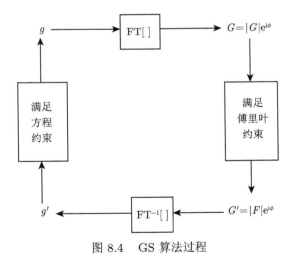

图 8.4　GS 算法过程

正如图中描述，GS 算法可以应用在 $|F|$ 和 $|f|$ 都已知的问题中。GS 算法实际上是关于目标函数 (8-12) 的牛顿最速方向下降法，所以该算法是收敛的。

**2. 梯度搜索算法**

以 $B_k$ 为目标函数，并把 $B_k$ 的关于各个未知量的偏导数一同代入梯度搜索算法中，最终求得 $B_k$ 最小时所对应的 $\theta$ 作为对波前畸变的估计。

应用梯度搜索算法, 最重要的是正确描述目标函数及其对各个变量的偏导数, 下面将分别 $g(x), \theta(x)$ 及式 (8-1) 中的 $\alpha_n$ 为未知变量用式 (8-12) 求偏导。

首先讨论以 $g(x)$ 为未知变量的偏导数。对 $g(x)$ 求偏导, 即 $B_k$ 分别对 $g(x)$ 的实部 $\partial g_{\text{real}}$ 及 $g(x)$ 的虚部求偏导 $\partial g_{\text{imag}}$。

记住 $g_{m,k}, \theta_{m,k}, G_{m,k}, \phi_{m,k}$ 分别为第 $m$ 幅图像迭代第 $k$ 次时, 对 $f, \eta, F, \psi$ 的估计值, $g_k$ 表示第 $k$ 次迭代时用各个 $g_{m,k}$ 对 $f$ 的联合估计, 即 $g_k(x) = \frac{1}{M} \sum_{m=1}^{M} g_{m,k}(x)$。

$$\partial g_{\text{real}} B_k \equiv \frac{\partial B}{\partial g_{\text{real},k}(x)} = 2N^{-2} \sum_{m=1}^{M} \sum_{u} \left[ |G_{m,k}(u)| - |F(u)| \right] \frac{\partial |G_{m,k}(u)|}{\partial g_{\text{real},k}(x)}$$

$$\partial g_{\text{imag}} B_k \equiv \frac{\partial B}{\partial g_{\text{imag},k}(x)} = 2N^{-2} \sum_{m=1}^{M} \sum_{u} \left[ |G_{m,k}(u)| - |F(u)| \right] \frac{\partial |G_{m,k}(u)|}{\partial g_{\text{imag},k}(x)}$$

$$(8\text{-}13)$$

其中

$$\frac{\partial G_{m,k}(u)}{\partial g_{\text{real},k}(x)} = \frac{\partial}{\partial g_{\text{real},k}(x)} \sum_{y} g_k(y) \exp\left[i\varepsilon_m(x)\right] \exp\left[-i2\pi u y / N\right]$$

$$= \exp\left[i\varepsilon_m(x)\right] \exp\left[-i2\pi u x / N\right]$$

$$\frac{\partial G_{m,k}(u)}{\partial g_{\text{imag},k}(x)} = \frac{\partial}{\partial g_{\text{imag},k}(x)} \sum_{y} g_k(y) \exp\left[i\varepsilon_m(x)\right] \exp\left[-i2\pi u y / N\right]$$

$$= i \exp\left[i\varepsilon_m(x)\right] \exp\left[-i2\pi u x / N\right]$$

$$(8\text{-}14)$$

$$\frac{\partial |G_{m,k}(u)|}{\partial g_{\text{real},k}(x)} = \frac{\partial \left| G_{m,k}(u)^2 \right|^{1/2}}{\partial g_{\text{real},k}(x)} = \frac{1}{2|G_{m,k}(u)|} \frac{\partial |G_{m,k}(u)|^2}{\partial g_{\text{real},k}(x)}$$

$$= \frac{G(u) \exp\left[-i\varepsilon_m(x) + i2\pi u x / N\right]}{2G(u)} + \text{c.c.}$$

$$\frac{\partial |G_{m,k}(u)|}{\partial g_{\text{imag},k}(x)} = \frac{\partial \left| G_{m,k}(u)^2 \right|^{1/2}}{\partial g_{\text{imag},k}(x)} = \frac{1}{2|G_{m,k}(u)|} \frac{\partial |G_{m,k}(u)|^2}{\partial g_{\text{imag},k}(x)}$$

$$= \frac{-iG(u) \exp\left[-i\varepsilon_m(x) + i2\pi u x / N\right]}{2G(u)} + \text{c.c.}$$

$$(8\text{-}15)$$

因此, 方程 (8-13) 变成

$$\partial g_{\text{real}} B_k = N^{-2} \sum_{m=1}^{M} \sum_{u} \left[ G_{m,k}(u) - |F(u)| \, G_{m,k}(u) \Big/ |G_{m,k}(u)| \right]$$

$$
= \frac{-\mathrm{i}G\left(u\right)\exp\left[-\mathrm{i}\varepsilon_m\left(x\right)+\mathrm{i}2\pi ux/N\right]}{2\left|G\left(u\right)\right|}+\mathrm{c.c.}
$$

$$
\partial_{g_{\mathrm{imag}}}B_k = -\mathrm{i}N^{-2}\sum_{m=1}^{M}\sum_{u}\left[G_{m,k}\left(u\right)-\left|F\left(u\right)\right|G_{m,k}\left(u\right)/\left|G_{m,k}\left(u\right)\right|\right]
$$

$$
= \frac{-\mathrm{i}G\left(u\right)\exp\left[-\mathrm{i}\varepsilon_m\left(x\right)+\mathrm{i}2\pi ux/N\right]}{2\left|G\left(u\right)\right|}+\mathrm{c.c.} \tag{8-16}
$$

其中，c.c. 代表前面产生的复共轭。

用式 (8-7) 来定义 $G'_{m,k}=(u)$

$$
G'_{m,k}(u) = \left|F(u)\right|G_{m,k}(u)/\left|G_{m,k}(u)\right| \tag{8-17}
$$

式 (8-16) 可表示为

$$
\partial_{g_{\mathrm{real}}}B_k = 2\mathrm{Real}\sum_{m}\left[g_{m,k}\left(x\right)-g'_{m,k}\left(x\right)\right]
$$
$$
\partial_{g_{\mathrm{imag}}}B_k = 2\mathrm{Imag}\sum_{m}\left[g_{m,k}\left(x\right)-g'_{m,k}\left(x\right)\right] \tag{8-18}
$$

再次考虑以 $\theta(x)$ 为未知变量的偏导数。由式 (8-12) 得 $B_k$ 对 $\theta(x)$ 的偏导数为

$$
\partial_{\theta}B_k = \frac{\partial B_k}{\partial\theta_k(x)} = 2N^{-2}\sum_{m}\sum_{u}\left[\left|G_{m,k}(u)\right|-\left|F(u)\right|\right]\frac{\partial\left|G_{m,k}(u)\right|}{\partial\theta_k(x)} \tag{8-19}
$$

由于

$$
\frac{\partial G_{m,k}(u)}{\partial\theta_k(x)} = \frac{\partial}{\partial\theta_k(x)}\sum_{y}\left|f(y)\right|\exp[\mathrm{i}\theta(y)]\exp[\mathrm{i}\varepsilon_m(x)]\exp[-\mathrm{i}2\pi uy/N]
$$

$$
= \mathrm{i}g_k(x)\exp[\mathrm{i}\varepsilon_m(x)]\exp[-\mathrm{i}2\pi ux/N] \tag{8-20}
$$

然后

$$
\frac{\partial\left|G_{m,k}(u)\right|}{\partial\theta_k(x)} = \frac{G_{m,k}(u)(-\mathrm{i})g_k^{*}(x)\exp[-\mathrm{i}\varepsilon_m(x)]\exp[\mathrm{i}2\pi ux/N]+\mathrm{c.c.}}{2\left|G_{m,k}(u)\right|} \tag{8-21}
$$

所以有

$$
\partial_{\theta}B_k = \sum_{m}\mathrm{i}g_{m,k}^{*}(x)[g'_{m,k}(x)-g_{m,k}(x)]+\mathrm{c.c.}
$$

$$
= -2\mathrm{Imag}\sum_{m}[g_{m,k}^{*}(x)g'_{m,k}(x)]
$$

$$
= -2\left|f(x)\right|\sum_{m}\left|g'_{m,k}(x)\right|\sin[\theta'_{m,k}(x)-\theta_{m,k}(x)] \tag{8-22}
$$

最后，考虑以 Zernike 系数 $a(x)$ 为未知变量的偏导数。由式 (8-12) 得 $B_k$ 对 $a(x)$ 的偏导为

$$\frac{\partial B_k}{\partial a_{n,k}} = \sum_x \frac{\partial B}{\partial \theta_k(x)} \frac{\partial \theta_k(x)}{\partial a_{n,k}(x)} \tag{8-23}$$

其中

$$\frac{\partial \theta_k(x)}{\partial a_{n,k}} = \frac{\partial}{\partial a_{n,k}} \left[ \sum_{n=1}^{m} a_{n,k} Z_n(x) \right] = Z_n(x) \tag{8-24}$$

将式 (8-22) 和式 (8-24) 代入式 (8-23) 得

$$\partial_{a_n} B_k = -2 \sum_m \sum_x |f(x)| \left|g'_{m,k}(x)\right| \sin[\theta'_{m,k}(x) - \theta_{m,k}(x)] Z_n(x) \tag{8-25}$$

### 3. GS 算法和梯度搜索算法的关系

GS 算法相当于以式 (8-12) 为目标函数的牛顿最速方向下降法，为了使问题简便，令 $M = 1$，式 (8-18) 可表示为

$$\partial_g B = 2 \left[ g(x) - g'(x) \right] \tag{8-26}$$

沿着梯度的步长由 $B$ 的泰勒级数展开的首项决定

$$B \approx B_k + \sum_x \partial_g B_k \left[ g(x) - g_k(x) \right] \tag{8-27}$$

当 $g(x) = g''_k(x)$ 时，$B$ 展开项的首项为零

$$g''_k(x) - g_k(x) = -B_k \partial_g B_k \bigg/ \sum_y \left( \partial_g B_k \right)^2 \tag{8-28}$$

可得

$$\sum_y \left( \partial_g B_k \right)^2 = 4 \sum_y \left[ g_k(y) - g_k{}'(y) \right]^2 = 4 B_k$$

式 (8-28) 变为

$$g''_k(x) - g_k(x) = -(1/4) \partial_g B_k = (1/2) \left[ g'_k(x) - g_k(x) \right] \tag{8-29}$$

所以，GS 算法相当于以 $B$ 为目标函数的牛顿最速方向下降法，步长为 $(1/2) \left[ g'_k(x) - g_k(x) \right]$。可以预测，对于同一个目标波前，在 PR 中分别应用 GS 算法和梯度搜索算法，在迭代初期，GS 算法的收敛速度会略快于梯度搜索算法，但在后面的迭代过程中，GS 算法的收敛速度会明显慢于梯度搜索算法，这是和最优化问题中的对同一个问题分别用牛顿最速方向下降法和共轭梯度法的现象应该是一致的。

## 8.3　相位恢复光学波前传感技术主要性能指标分析

PR 光学波前传感技术作为一种镜面检测方法，首先被关心的问题之一是测量范围。相位恢复检测范围主要影响因素是可测的镜面类型、可测的误差幅值及误差频率范围。PR 光学波前传感技术顺利进行须满足三个条件：一是 CCD 探测器接收到离焦光强图；二是计算机依据光场传播模型能够计算出正确的光强图；三是算法能够收敛到所求解。8.2.1 节讨论过的 PR 法能够正确收敛到所求解，且 PR 法具有大动态范围相位恢复能力，这里只需讨论计算光强图的能力和 CCD 的接收能力 [36]。

### 8.3.1　相位恢复测量灵敏度分析

相位恢复检测是一种利用光强信息来恢复入射波面相位的波前检测方法。在实际应用中，要求相位恢复测量能够从有限的光强图像数据中，准确地复原出波面面形分布。这里自然会面临一个重要的问题，即相位恢复系统能否将面形误差转化成足够明显且能够被 CCD 相机所识别的光强变化量。也就是系统是否具有足够高的灵敏度来"感应"被测波面的变化 [37]。在不同的参数配置下，测量系统的性能也有差异。通过灵敏度分析，可以较为准确地掌握测量系统的性能，并对测量参数进行优化，提高测量的可靠性。

在不同的配置参数下，测量系统的性能也有差异。对于相位恢复测量系统，无论是两平面系统还是多平面系统，距离焦点较近的图像的灵敏度较高，以及收敛误差随灵敏度的提高而下降，在实际测量中可以先进行一次初步测量，然后根据检测结果进行灵敏度分析，调整测量图像位置参数。

### 8.3.2　相位恢复检测范围

1. 计算点数与测量范围

二维函数的 Whittaker-Shannon 抽样定理为：设函数 $g$ 的傅里叶变换频谱为 $G$，且 $G$ 限制在区域 $R$ 以内，令 $2B_X$ 和 $2B_Y$ 分别表示完全围住区域 $R$ 的最小矩形，则有

$$g(x,y) = \sum_{n=-\infty}^{\infty} \sum_{m=-\infty}^{\infty} g\left(\frac{n}{2B_X}, \frac{m}{2B_Y}\right)$$
$$\times \mathrm{sinc}\left[2B_X\left(x - \frac{n}{2B_X}\right)\right] \mathrm{sinc}\left[2B_Y\left(y - \frac{m}{2B_Y}\right)\right] \tag{8-30}$$

空间带宽积 (space-bandwidth product)：令 $2L_X$ 和 $2L_Y$ 表示函数 $g$ 在空间域显著不为零的范围，在 $x$、$y$ 方向上采样间距分别为 $(2B_X)^{-1}$ 和 $(2B_Y)^{-1}$，那

么 $g$ 所需的抽样总数为

$$N = 16 L_X L_Y B_X B_Y \tag{8-31}$$

其中，$N$ 称为 $g$ 的空间带宽积。设镜面光场函数为

$$g_m(x, y) = A_m(x, y) \exp[\mathrm{j}\phi_m(x, y)] \tag{8-32}$$

以口径为 $D$ 的圆形镜面为例，$g_m$ 的带宽通常用局域空间频率来确定，且只存在于有限区域内，$|x| \leqslant D/2, |y| \leqslant D/2$。当用均匀球面波照射被测镜时，幅值态 $A_m(x, y)$ 为 $x$、$y$ 的缓变函数，$\phi_m(x, y)$ 为带有误差面形信息的相位。$g_m$ 的局域空间频率被定义为 [38]

$$f_{1X} = \frac{1}{2\pi} \frac{\partial}{\partial x} \phi(x, y), \quad f_{1Y} = \frac{1}{2\pi} \frac{\partial}{\partial y} \phi(x, y) \tag{8-33}$$

则 $g_m$ 在 $x$、$y$ 方向上的带宽分别为

$$2B_X = 2 |f_{1X}|_{\max}, \quad 2B_Y = 2 |f_{1Y}|_{\max} \tag{8-34}$$

则最少抽样点数 $N$ 为

$$N = 4D^2 \left( \frac{1}{2\pi} \frac{\partial}{\partial x} \phi(x, y) \right)_{\max} \left( \frac{1}{2\pi} \frac{\partial}{\partial y} \phi(x, y) \right)_{\max} \tag{8-35}$$

假设 $x$ 方向和 $y$ 方向的局域空间频率相同，那么式 (8-35) 可以简化为

$$N_x = N_y = D \frac{1}{\pi} \left| \frac{\partial}{\partial x} \phi(x, y) \right|_{\max} \tag{8-36}$$

将式 (8-36) 调整以后可得

$$\left| \frac{\partial}{\partial x} \phi(x, y) \right|_{\max} \frac{D}{N_x} = \pi \tag{8-37}$$

综上，采样点数与测量范围之间的关系是：计算被测光场时，采样间隔必须满足两个相邻采样点之间的相位差值小于 $\pi$。

由于球面波的等相位面是球面，若选择球面波中心为直角坐标系原点，给定平面 $z_0$ 上光场复振幅的表达式为

$$g_s(x, y, z_0) = \frac{A(x, y, z_0)}{z_0} \exp(-\mathrm{j}k |z_0|) \exp\left( -\mathrm{j}k \frac{x^2 + y^2}{2 |z_0|} \right) \tag{8-38}$$

所以被测镜面光场可写为

$$g_m = \frac{A_m(x, y, R)}{R} \exp(-\mathrm{j}k |R|) \exp\left( -\mathrm{j}k \left( \frac{x^2 + y^2}{2 |R|} + W_e(x, y) \right) \right) \tag{8-39}$$

其中，$R$ 为球面波曲率半径，面形误差函数项为 $W_e(x,y)$。于是 $x$ 方向最小计算点数为

$$N_x = \frac{D}{\pi}\left|\frac{\partial}{\partial x}\phi(x,y)\right|_{\max} = \frac{2D}{\lambda}\left|\frac{x}{R} + \frac{\partial W_e(x,y)}{\partial x}\right|_{\max} \tag{8-40}$$

由于面形误差与球面波形状相比是小量，所以 $x/R \gg \partial W_e/\partial x$，式 (8-40) 最大值由求和式的第一项决定。易知 $x$ 的最大值为 $D/2$，所以

$$N_x = \frac{D}{\pi}\left|\frac{\partial}{\partial x}\phi(x,y)\right|_{\max} \approx \frac{D}{\lambda}\frac{D}{R} \tag{8-41}$$

从式 (8-41) 可知，镜面相对口径越大，计算离焦光场所需的点数越多。

2. 误差频率的范围

针对不同类型的光学系统进行频段划分。例如美国利弗莫尔实验室 (LLNL) 在研制 NIF 过程中，按照误差的空间周期 $L$ 将误差划分为：低频段误差 $L > 33\text{mm}$，对应 $f_e < 0.03\text{mm}^{-1}$；中频段误差 $0.12\text{mm} \leqslant L \leqslant 33\text{mm}$，对应 $0.03\text{mm}^{-1} \leqslant f_e \leqslant 8.33\text{mm}^{-1}$；高频段误差 $L < 0.12\text{mm}$，对应 $f_e > 8.33\text{mm}^{-1}$ [39]。

口径为 $D$ 的圆形光学镜面的孔径函数为

$$P(x,y) = \text{circ}\left(\frac{\sqrt{x^2+y^2}}{D/2}\right) \tag{8-42}$$

其中，circ 为归一化的圆域函数，定义为

$$\text{circ}(r) = \begin{cases} 1, & r \leqslant 1 \\ 0, & \text{其他} \end{cases} \tag{8-43}$$

由式 (8-42) 可得光学系统传递函数为

$$H(f_x,f_y) = \text{circ}\left(\frac{\sqrt{f_x^2+f_y^2}}{D/2\lambda z_i}\right) \tag{8-44}$$

其中，$z_i$ 为传播距离。由上式得相干光衍射系统的截止频率为

$$f_c = \frac{D}{2\lambda z_i} \tag{8-45}$$

CCD 的采样频率是限制检测系统带宽的另一个重要因素。CCD 采集的是光强图样，而光强与镜面光场复振幅的关系为

$$I_d = |h \otimes g_m|^2 \tag{8-46}$$

其中，$g_m$ 表示镜面光场复振幅；$h$ 表示系统的点扩展函数。对上式作傅里叶变换得

$$F\{I_d\} = HG_m \otimes HG_m \tag{8-47}$$

$H$ 的带宽限制了 $G_m$ 通过光学系统的频率范围，又 $H$ 的截止频率为 $f_c$，故光强 $I_d$ 的截止频率为 $2f_c$。假设 $S$ 是采样比率，$d_\xi$ 是 CCD 采样间隔即像素大小。根据采样定理，CCD 采样频率须大于光强截止频率的两倍以上 ($S \geqslant 2$)，于是有不等式

$$\frac{1}{d_\xi} \geqslant S \cdot 2f_c \tag{8-48}$$

若只是对光场采样，上式中 $S$ 取 1 可满足采样定理。将式 (8-45) 代入上式得

$$\frac{z_i}{D} \geqslant \frac{Sd_\xi}{\lambda} \tag{8-49}$$

记被测镜面的 $f$ 数为 $f/\#$，$f/\# = f/D$，$f$ 为焦距，因为 $z_i = f \pm \Delta z$，$\Delta z$ 为 CCD 偏离焦点的距离，于是式 (8-49) 变为

$$f/\# \geqslant \frac{Sd_\xi}{\lambda} \mp \frac{\Delta z}{D} \tag{8-50}$$

由于被采集图像的灵敏度限制，图像采集的位置不能偏离焦点太远 (即 $\Delta z$ 较小)，式 (8-50) 的右边第二项可以近似忽略。所以被测镜面的 $f$ 数须满足

$$f/\# \geqslant \frac{Sd_\xi}{\lambda} \tag{8-51}$$

对于满足式 (8-48) 的镜面，可恢复的面形误差频率仅受采样点数限制。在采样点数一定的条件下，可测的误差频率范围与镜面口径成反比。在大型望远镜自适应光学中，相位恢复通常只用来恢复低阶像差。

3. 误差幅值的范围

下面从几何光学像差理论出发，来推导像差幅值与 CCD 尺寸之间的关系。

图 8.5 为波前畸变传播示意图。参考标准球和被测球之间的距离记为 $\Delta W$，角度为 $\alpha_x$，其大小由下式得到 [40]

$$\alpha_x = \frac{-\partial \Delta W(x,y)}{n \partial x} \tag{8-52}$$

其中，$n$ 为折射率，在空气中取 1。由于 $\alpha_x$ 非常小，故像差引起光线在 $x$ 方向的偏移为

$$\varepsilon_x = R\alpha_x = -R\frac{\partial \Delta W(x,y)}{\partial x} \tag{8-53}$$

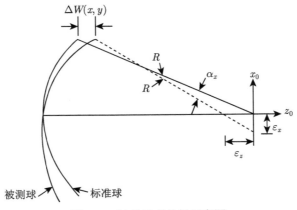

图 8.5　波前畸变传播示意图

用 $D/2$ 对 $\varepsilon_x$ 进行归一化，有

$$\varepsilon_x = -\frac{R}{D/2}\frac{\partial \Delta W(x,y)}{\partial x} \tag{8-54}$$

同理，$y$ 方向的偏移为

$$\varepsilon_y = -\frac{R}{D/2}\frac{\partial \Delta W(x,y)}{\partial y} \tag{8-55}$$

采用极坐标的表示方法，并令 $\Delta W$ 表示整个波前相差函数，式 (8-54)、式 (8-55) 合为

$$\varepsilon_\rho = -\frac{R}{D/2}\frac{\partial \Delta W(\rho,\theta)}{\partial \rho} \tag{8-56}$$

在 $x$ 方向上采样点数为 $N$，间隔为 $d_\xi$ 的 CCD 应满足 $\dfrac{Nd_\xi}{2} \geqslant \max\left[|\varepsilon_\rho|\right]$，即

$$\left(\frac{\partial \Delta W}{\partial \rho}\right)_{\max} \leqslant Nd_\xi\frac{D}{4R} \tag{8-57}$$

在球面镜的测量光路中，$f/\# = R/D$，代入式 (8-54) 得

$$\left(\frac{\partial \Delta W}{\partial \rho}\right)_{\max} \leqslant \frac{Nd_\xi}{4f/\#} \tag{8-58}$$

式 (8-58) 表明可测面形误差斜率范围受到 CCD 面积的限制。将式 (8-58) 结合在前一小节中讨论的结果式 (8-47)，可以得到

$$\left(\frac{\partial \Delta W}{\partial \rho}\right)_{\max} \leqslant \frac{N\lambda}{4S} \tag{8-59}$$

式 (8-59) 表明可测镜面误差斜率最终由 CCD 的像素数目决定。所以相位恢复能够测量面形误差较大的镜面。

## 8.4 相位恢复光学波前传感技术应用实例

### 8.4.1 相位恢复与干涉仪对比测量实验

PR 光学波前传感技术是一种基于焦面图像信息波前解算的焦平面波前探测技术，其原理是通过采集多幅给定离焦量的图像，以及傅里叶光学方法解算得到光学系统的波前相位信息。系统硬件构成简单，可对光学元件及系统进行动态检测，在光学加工、系统装调、主动光学、自适应光学等领域具有很好的应用前景。第 8.2 节已详细阐述了 PR 光学波前传感技术的基本原理，本节将直接介绍 PR 光学波前传感技术与干涉仪对比测量的检测实验。

**1. 实验原理及结构**

PR 光学波前传感技术测量的光路结构原理，如图 8.6 所示。从 ZYGO 干涉仪出射的平行光经过 $L_1$ 和 $L_2$ 组成的缩束镜组后，经过分光棱镜，一部分经过孔径光阑，再经过偏振片入射到液晶空间光调制器 (LC-SLM)。由于 LC-SLM 的有效面积只有 6.14mm×6.14mm，因此加入光阑限制通光口径；另外 LC-SLM 要求入射光为线偏振光，因此加入偏振片使光束透偏方向与 LC-SLM 的快轴方向重合。通过对 LC-SLM 的控制，使反射的光束带有指定的相位信息 (即像差)，经过偏振片及光阑后，再次由分光棱镜分为两路，其中一路原路返回 ZYGO 干涉仪，与干涉仪的参考光发生干涉，形成干涉条纹。通过分析干涉条纹，可以计算出 LC-SLM 上加载的待测波前。另一部分经过会聚透镜 $L_3$ 会聚在 CCD 相机上，用于实现基于 PR 的波前测量。相机被安置在一个可移动平台上，通过使相机沿光轴方向移动和角度姿态微调，得到焦点前后接收不同离焦量的图像，用 PR 算法进行处理，同样得到 LC-SLM 上加载的像差波前。比较两个测量结果。

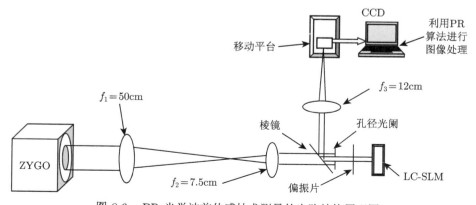

图 8.6 PR 光学波前传感技术测量的光路结构原理图

系统波长为 $\lambda=632.8$nm，$L_3$ 的焦距为 120mm，中心出瞳口径为 5mm，焦深约为 0.73mm。实验中选取离焦距离分别为 0mm 和 4.65mm，所对应的离焦相位 PV 分别为 $0\lambda$ 和 $1.6\lambda$。相机像元尺寸为 6.45μm，每一个离焦位置分别截取以目标为中心的 128×128 像素大小区域，曝光时间 20ms，移动平台的准确度为 ±5μm。

2. 实验结果及讨论

对 LC-SLM 施加单项差，进行 ZYGO 和 PR 光学波前传感技术的测量对比，如图 8.7 ~ 图 8.15 所示。图中的波前均减去了平移、倾斜及离焦等系统装调引入的误差。

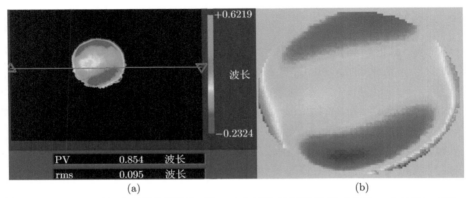

图 8.7　LC-SLM 展平时的测量结果对比：(a) 干涉仪测量结果，RMS $= 0.095\lambda$，PV $= 0.854\lambda$；(b) PR 测量结果，RMS $= 0.047\lambda$，PV $= 0.279\lambda$

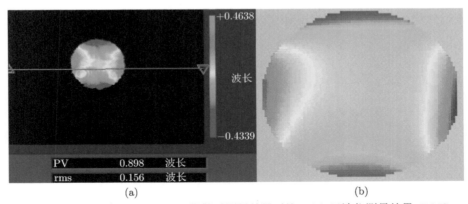

图 8.8　LC-SLM 加入 PV $= 1\lambda$ 像散时测量结果对比：(a) 干涉仪测量结果，RMS $= 0.156\lambda$，PV $= 0.898\lambda$；(b) PR 测量结果，RMS $= 0.153\lambda$，PV $= 0.989\lambda$

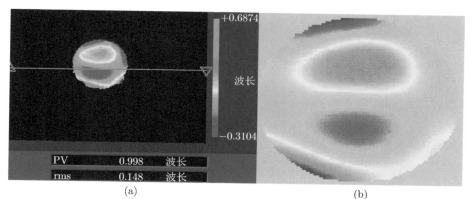

图 8.9 LC-SLM 加入 PV = 1λ 彗差时测量结果对比：(a) 干涉仪测量结果, RMS = 0.148λ, PV = 0.998λ；(b) PR 测量结果, RMS = 0.151λ, PV = 0.888λ

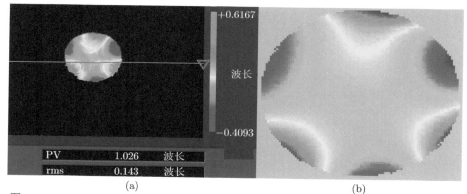

图 8.10 LC-SLM 加入 PV = 1λ 三叶草像差时测量结果对比：(a) 干涉仪测量结果, RMS = 0.143λ, PV = 1.026λ；(b) PR 测量结果, RMS = 0.145λ, PV = 0.878λ

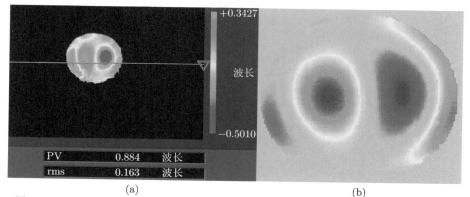

图 8.11 LC-SLM 加入 PV = 1λ 三级彗差时测量结果对比：(a) 干涉仪测量结果, RMS = 0.163λ, PV = 0.844λ；(b) PR 测量结果, RMS = 0.163λ, PV = 0.756λ

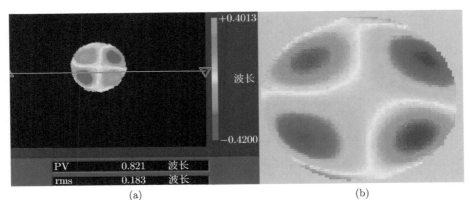

图 8.12　LC-SLM 加入次级像散时测量结果对比：(a) 干涉仪测量结果，RMS = 0.183λ，
PV = 0.821λ；(b) PR 测量结果，RMS = 0.186λ，PV = 0.757λ

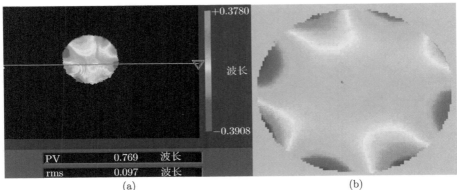

图 8.13　LC-SLM 加入 PV = 1λ 四阶像差时测量结果对比：(a) 干涉仪测量结果，
RMS = 0.097λ，PV = 0.769λ；(b) PR 测量结果，RMS = 0.096λ，PV = 0.633λ

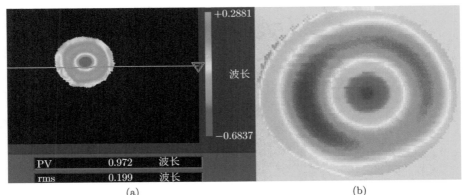

图 8.14　LC-SLM 加入次级球差时测量结果对比：(a) 干涉仪测量结果，RMS = 0.199λ，
PV = 0.972λ；(b) PR 测量结果，RMS = 0.197λ，PV = 0.943λ

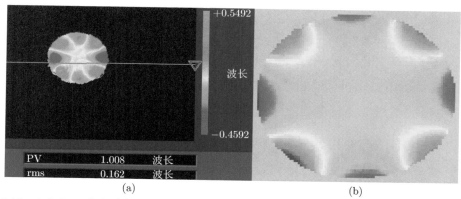

图 8.15 LC-SLM 加入次级四阶像差时测量结果对比：(a) 干涉仪测量结果，RMS = 0.162λ，
PV = 1.008λ；(b) PR 测量结果，RMS = 0.161λ，PV = 1.126λ

如表 8.1 所示给出了 PR 光学波前传感技术与 ZYGO 干涉仪对不同像差测量结果的波前 RMS 对比。对于 Zernike 的单项像差得到的测量结果，只列举了一些像差对比结果。综上可见在面形误差分布及误差的 PV 和 RMS 上，两种测量方法具有一致性，对于波前 RMS 的测量精度达到 0.003λ，这说明 PR 测量方法的可行性和准确性。

**表 8.1 PR 光学波前传感技术与 ZYGO 干涉仪关于不同像差测量结果的 RMS 对比**

| 标号 | Zernike | ZYGO | PR 光学波前传感技术 |
|---|---|---|---|
| 1 | 像散 | 0.156λ | 0.153λ |
| 2 | 彗差 | 0.148λ | 0.151λ |
| 3 | 三叶草像差 | 0.143λ | 0.145λ |
| 4 | 三级彗差 | 0.163λ | 0.163λ |
| 5 | 次级像散 | 0.183λ | 0.186λ |
| 6 | 四阶像差 | 0.097λ | 0.096λ |
| 7 | 次级球差 | 0.199λ | 0.197λ |
| 8 | 次级四阶像差 | 0.162λ | 0.161λ |

为了从另一个角度说明 PR 光学波前传感技术的准确性，对 LC-SLM 施加如图 8.15 所示的次级四阶像差，用 CCD 采集离焦距离分别为 $-4.5$mm, $-3$mm, 0mm, 3mm, 4.5mm 位置的图像，如图 8.16 所示。用图 8.15(b) 所示的 PR 光学波前传感技术测得的波前计算得到上面六个位置的图像，如图 8.17 所示。

从图 8.16 和图 8.17 可以看出，采集来的图像和计算得到的图像具有相似性。

上实验结果表明，PR 光学波前传感技术可以满足实际工程的需要，并且 PR 光学波前传感技术具有 ZYGO 干涉仪所不具备的优点：

(1) 平台的振动对 PR 光学波前传感技术影响小，甚至可以忽略；

图 8.16 采集来的图像

图 8.17 计算得到的图像

(2) PR 光学波前传感技术结构简单, 甚至可以在对光路不进行任何改变的前提下, 利用成像系统上已有的相机对整个光学系统进行在位检测;

(3) PR 光学波前传感技术的 CCD 用较少的采样点就可以得到较好的测量精度, 如图 8.16 所示, 虽然截取的图像是 $128 \times 128$ 像素的, 但是实际有用的像素区域只在 $40 \times 40$ 像素以内; 相比之下, 如图 8.6 所示, ZYGO 干涉仪如果不加入 $L_1$ 和 $L_2$ 对光束进行扩束, 而直接测量 LC-SLM 的 $6.14\text{mm} \times 6.14\text{mm}$ 有效区域, 则会由采样不足导致无法复原波前。

### 8.4.2 相位恢复对球面镜面形的检测

1. 实验原理及结构

PR 光学波前传感技术测量的光路结构原理图, 如图 8.18 所示。从激光器发出的高斯光束经小孔后变成球面波, 通过透镜 2 变成平行光, 经过孔径光阑打到棱镜上的光被分成两部分, 一部分发出的光不需要考虑, 另一部分的平行光经透镜 1 会聚到被测镜面上后反射, 反射的光束带有相位信息 (即像差), 再次由分光棱镜分为两路, 其中一路原路返回, 另一部分经过会聚透镜 3 会聚在 CCD 相机上, 用于实现基于 PR 的波前测量。相机被安置在一个可移动平台上, 通过使相机沿光轴方向移动和角度姿态微调, 得到焦点前后接收不同离焦量的图像, 用 PR 算法进行图像处理, 得到被测镜面面形的面形误差。

被测镜为口径 0.2m 焦距 1m 的球面镜, 系统波长为 $\lambda = 635\text{nm}$, 透镜 3 的焦距为 150mm, 中心出瞳口径为 12mm, 焦深约为 0.286mm。实验中分别选取离焦量为 0mm、$\pm 1\text{mm}$、$\pm 1.5\text{mm}$、$\pm 2\text{mm}$。相机像元尺寸为 6.45μm, 每一个离焦位置分别截取以目标为中心的 $128 \times 128$ 像素大小区域, 曝光时间为 20ms, 移动平台的准确度为 $\pm 5$μm。

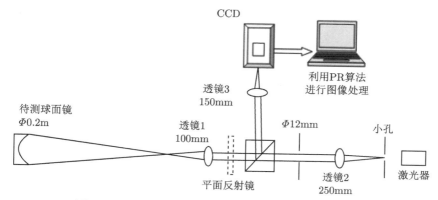

图 8.18 PR 光学波前传感技术测量的光路结构原理图

## 2. 实验结果及分析

用 PR 算法对采集到的 7 副图像进行处理, 得到被测球面镜面形的结果, 如图 8.19(a) 所示。用 ZYGO 干涉仪检测的结果, 如图 8.19(b) 所示。

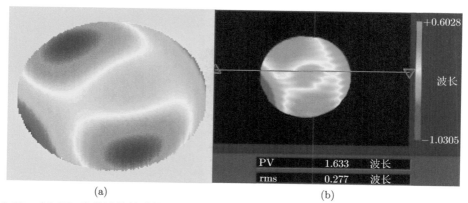

图 8.19 (a) PR 光学波前传感技术检测结果, RMS $= 0.272\lambda$, PV $= 1.608\lambda$; (b) ZYGO 干涉仪检测的结果, RMS $= 0.277\lambda$, PV $= 1.633\lambda$

为了有力地说明 PR 光学波前传感技术的准确性, 对图 8.19(a) 和 (b) 这一组的 Zernike 项前 19 项的系数进行比较, 得到的结果如表 8.2 所示。由于 Zernike 前 4 项影响不大, 所以将前 4 项忽略不计。

由表 8.2 可以看出: ZYGO 和 PR 光学波前传感技术前 19 项系数整体呈线性关系, 如图 8.20 所示。

为了说明 PR 光学波前传感技术测量方法的重复性和有效性, 将被测镜旋转不同角度, 用 PR 光学波前传感技术分别测量不同角度的面形, 得到如图 8.21(a)~(d) 所示的结果。

表 8.2　Zernike 项系数的比较

| 标号 | Zernike | ZYGO | PR 光学波前传感技术 |
|---|---|---|---|
| 1 | 平移 | 0 | 0 |
| 2 | $X$ 方向倾斜 | 0 | 0 |
| 3 | $Y$ 方向倾斜 | 0 | 0 |
| 4 | 离焦 | 0 | 0 |
| 5 | $x$ 方向像散 | $-0.380$ | $-0.372$ |
| 6 | $y$ 方向像散 | $-0.552$ | $-0.543$ |
| 7 | $x$ 方向彗差 | 0.018 | $-0.017$ |
| 8 | $y$ 方向彗差 | 0.044 | 0.043 |
| 9 | 球差 | $-0.217$ | $-0.213$ |
| 10 | $x$ 方向四阶像差 | $-0.013$ | $-0.012$ |
| 11 | $y$ 方向四阶像差 | 0.240 | 0.235 |
| 12 | $x$ 方向次级像散 | 0.045 | 0.044 |
| 13 | $y$ 方向次级像散 | 0.028 | 0.027 |
| 14 | $x$ 方向次级彗差 | $-0.065$ | $-0.063$ |
| 15 | $y$ 方向次级彗差 | $-0.007$ | $-0.006$ |
| 16 | 次级球差 | 0.100 | 0.099 |
| 17 | $x$ 方向四阶像差 | 0.030 | 0.029 |
| 18 | $y$ 方向四阶像差 | 0.014 | 0.013 |
| 19 | $x$ 方向次级四阶像差 | $-0.020$ | $-0.019$ |

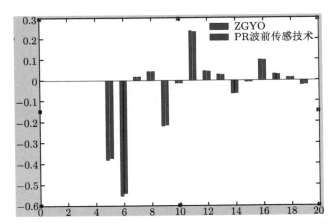

图 8.20　ZYGO 和 PR 光学波前传感技术前 19 项系数的柱状图

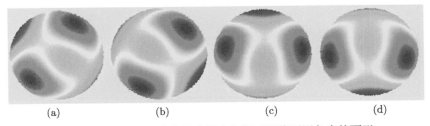

(a)　　　　　　(b)　　　　　　(c)　　　　　　(d)

图 8.21　PR 光学波前传感技术检测球面镜不同角度的面形

由表 8.2 和图 8.21 的结果可以看出, 旋转后与旋转前波前检测结果的趋势是一致的。如图 8.21 所示, 在不同角度用 PR 光学波前传感技术检测球面镜的面形结果的趋势也是一致的, 进而验证了 PR 光学波前传感技术测量方法的重复性和有效性。从图 8.21(a) 和 (b) 可以看出: 对于同一块被测镜, 在所测结果的面形误差分布及误差的 PV 和 RMS 上, 两种测量方法具有相似性, 这说明了 PR 光学波前传感技术测量方法的可行性和准确性。

# 8.5 相位差异光学波前传感技术概述

1979 年 Gonsalves 第一次提出相位差异技术 [51], 其核心思想是利用两个 CCD 传感器同时采集拥有固定已知相位差的目标图像, 通过极大似然估计理论构建迭代优化模型, 估计波前相位。1982 年, Gonsalves 提出 PD 算法中的已知像差可以有多种选择, 如球差、彗差、像散等, 另外还对 PD 算法的应用加以扩展, 其不仅可以应用在波前探测还可以作为图像复原 [52]。PD 技术不但简化了波前探测器的光路, 也使系统能够对扩展目标进行波前探测, 摆脱了多数波前探测器对点目标的依赖。1988 年, Paxman 等利用 PD 算法对拼接镜面望远镜子镜间像差的检测开展了研究 [53]。1992 年, Paxman 和 Fienup 将 PD 理论进一步丰富 [54], 建立了更合理的理论结构, 研究了高斯噪声和泊松噪声模型下 PD 的基本模型和解算能力。1994 年, Seldin 和 Paxman 结合散斑成像技术, 提出在成像系统的焦面和离焦面上同时采集一对或者多对短曝光图像的相位差异散斑法 (phase diverse-speckle, PDS)[55], 大大提高了 PD 恢复低信噪比图像和弱目标的能力。1998 年, Lofdahl 和 Kendrick 等将 PD 算法成功应用于 KeckII 望远镜子镜间的像差检测, 并提出将 PD 应用于太阳等扩展目标的波前探测。Paxman 和 Fienup 将 PD 算法应用于多孔径系统的像差探测。1999 年, Thelen 等在 PD 泊松噪声模型下引入了贝叶斯估计理论 [56], 利用多帧散斑图像解算大气-光学成像系统的动态像差和静态固定像差, 取得了不错的验证效果, 但是计算量过大的问题成为其瓶颈。Vogel 等利用反演问题相关理论 [57], 在 PD 理论模型中引入正则化技术 [58], 并且提出了适合求解大规模变量寻优的数值解法。Seldin 等将 PD 技术推广到宽带光谱条件下 [59], 给出了多光谱 PD 模型和解算方法, 使该技术能够适用于自然光条件下的观测。PD 技术经过三十多年的发展, 不仅在理论上日趋成熟, 在实际观测中也已取得了重要成果。R. A. Carreras 等在 The Advanced Mau Optical and Space Surveillance Technologies (AMOS) Conference 利用 0.81m 口径 Beam Director Telescope (BDT) 望远镜观测 μScorpio 双子星 [60], 成功地利用 PD 技术从模糊图像中恢复出双子星图像, 分辨率达到了 $1.1''$。Lofdahl 等将 PD 技术应用于瑞典 Swedish Solar Telescope (SST) 太阳观测望远镜 [61], 成功地获得了高分辨的太阳表面组织图像，并通过对不同波段太阳表面组织成像，提出了多目标多帧 PD 恢复算法[62]。Blanc 等利用 PD 算法对在自适应光学系统装调过程中产生的非共光路误差进行了标定[63]。Bolcar 对 PD 算法在合成孔径及拼接镜的检测方面进行了研究[64]。

## 8.6 相位差异光学波前传感技术工作原理

### 8.6.1 线性光学系统成像模型和图像恢复原理

如果光学系统满足线性光学系统假设，成像目标由非相干光照明，并且简化各个像素探测的噪声模型为独立同分布的零均值高斯噪声，则成像模型可以描述为

$$d = s * f + \varepsilon \tag{8-60}$$

式中，$d$ 表示 CCD 上采集到的目标图像；$f$ 表示目标的理想图像；$s$ 表示点扩散函数；$\varepsilon$ 表示噪声，$\varepsilon(x) \sim N(0, \sigma^2)$；$*$ 表示为卷积，定义如下：

$$a(x) * b(x) = \int_{-\infty}^{\infty} a(\tau)b(x - \tau)\mathrm{d}\tau \tag{8-61}$$

给定 $s$ 和 $d$，对 $f$ 进行估计，就是典型的图像恢复问题。图像恢复问题是一个线性模型问题，并且一般情况下这是一个病态问题。$s$ 所对应的 Toeplitz 矩阵的条件数随着 $s$ 的弥散而变大，问题的病态性也随之加剧。在没有自适应光学实时校正的条件下，地基大口径望远镜透过大气对星空成像时的点扩散函数随着 $D/r_0$ 的增大而愈发弥散，对其图像复原的病态性随之升高。随着点扩散函数的弥散，它所对应的光学传递函数也会有更多的频率分量淹没在噪声的功率谱中，这部分信息在图像恢复过程中也将难于重构。

如果仅给定 $d$，需对 $s$ 和 $f$ 进行估计，则是图像的盲恢复问题。此时问题的病态性更为严重，而且在待估变量无先验信息的情况下会存在无穷多个解。例如，估计得到的 $s$ 为狄拉克函数，估计得到的 $f = d$，就是 $s$ 和 $f$ 没有给定先验情况下的一个最优解，但这个解没有什么用处。对 $s$ 和 $f$ 加入合适的先验和约束，便成为了求解该问题的重要手段。

### 8.6.2 结合衍射光学成像模型的图像恢复原理

早期对 $s$ 引入的约束是一些等式和不等式约束条件，例如，$\int_{-\infty}^{\infty} s(x)\mathrm{d}x \equiv 1$，$s(x) \geqslant 0$ 等，也有对 $s$ 的空域和频域支撑域的限制。而对于一个望远光学系统而言，$s$ 可以表示为

$$s(x) = \left| \mathrm{FT}^{-1}\left\{ P(\upsilon)\mathrm{e}^{\mathrm{i}\phi(\upsilon)} \right\} \right|^2 \tag{8-62}$$

其中，$\mathrm{FT}^{-1}$ 表示傅里叶逆变换；$P$ 表示光瞳函数，描述着光瞳面上的透波率分布；$\upsilon$ 表示光瞳面坐标；$\phi$ 表示波前相位，常用 Zernike 多项式对 $\phi$ 进行线性表示

$$\phi(v) = \sum_{m=1}^{M} \alpha_m Z_m(v) \tag{8-63}$$

其中，$\alpha_m$ 表示第 $m$ 项多项式系数；$Z_m$ 表示第 $m$ 项 Zernike 多项式基底。此时 $s$ 就化为了 $\alpha$ 的函数。原问题是给定 $d$ 对 $s$ 和 $f$ 进行估计变为了给定 $d$ 对 $\alpha$ 和 $f$ 进行估计。

以 $\alpha$ 为待估参数有许多好处。首先，$\int_{-\infty}^{\infty} s(x)\mathrm{d}x \equiv 1$，$s(x) \geqslant 0$，$s$ 的空域和频域支撑域的限制都会自然地满足。再者，以 $s$ 为待估参数，在实现过程中是用一个矩阵来描述 $s$，在天文图像恢复问题上，点扩散函数弥散较大，这就需要一个高维矩阵，这使得在同等观测样本数量下，未知数的数量非常巨大。当变量维度达到一定程度后，估计的方差将让人无法容忍，图像复原将失效。地基大口径成像望远镜的成像特点就是点扩散函数大，有时甚至比目标理想图像还要大。再加上空间目标的图像往往信噪比较低，这就加剧了问题的复杂度，使得传统的图像复原难以取得令人满意的效果。而用估计 $\alpha$ 来代替估计 $s$，就是利用了物理光学衍射成像的机理，用光学系统波前信息来代替点扩散函数矩阵，使得原本用矩阵需要数万未知数来描述的点扩散函数降维到用数百个像差项来描述，这样就有效地对数据进行了降维，在同等数量的观测样本下，使得估计的方差得到下降，从而取得更好的图像复原结果。

### 8.6.3　相位差异光学波前传感的系统组成和原理

PD 方法利用两个或多个 CCD 传感器，同时采集拥有固定已知相位差的目标图像，根据 8.6.2 节所述，此时第 $c$ 通道的波前为

$$\phi(v) = \theta_c(v) + \sum_{m=1}^{M} \alpha_m Z_m(v) \tag{8-64}$$

其中，$\theta_c$ 是第 $c$ 通道的已知的固定的相位差；$\alpha$ 是各个通道共同的待求的波前所对应的 Zernike 系数。

PD 算法中的各个通道的已知像差可以有多种选择，如球差、彗差、像散等，但实际工程中，为了简化光路的设计并且让引入的像差更精确，常使用离焦像差来作为各个通道之间的差异。图 8.22 是具有焦面和离焦面两个采集通道的 PD 系统的光路示意图 [49]。

PD 图像恢复问题可以看作是一种加入了衍射光学成像机理的图像盲复原问题。使用多通道可以改善图像盲复原，可能获得众多无用的解的问题，例如，对

于普通盲解卷积问题估计得到的 $s$ 为狄拉克函数，估计得到的 $f = d$，就是 $s$ 和 $f$ 没有给定先验情况下的一个最优解；$s$ 为狄拉克函数对应着 $\alpha = 0$，这个解并不是多通道 PD 方法目标函数的最优解。使用多通道也起到了在未知数的个数不变的情况下增加了观测的数量，可以有效改善反演问题的病态性。

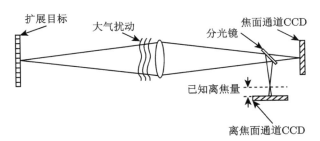

图 8.22　PD 系统的光路示意图

## 8.7　相位差异光学波前传感技术主要性能指标分析及关键技术

### 8.7.1　相位差异光学波前传感的目标函数确立和求解

PD 光学波前传感技术的关键技术是对 8.6 节中的 PD 物理成像原理建立起统计模型，并用统计推断方法对模型进行求解。在 8.6 节所述的成像模型假设下，在给定目标的理想清晰图像 $f$ 和第 $t$ 时刻的波前畸变所对应的 Zernike 系数 $\alpha_t$ 下，第 $t$ 时刻 $c$ 通道所采集到的图像 $d_{t,c}$ 的概率密度函数是

$$p\left(d_{t,c}(x)|f,\alpha_t\right) = \frac{1}{\sqrt{2\pi\sigma_c^2}} \exp\left\{-\frac{\left[d_{t,c}(x) - f * s_{t,c}(x)\right]^2}{2\sigma_c^2}\right\} \tag{8-65}$$

在整个数据集 $\{d_{t,c}\}$ 上，联合概率密度函数为

$$p\left(\{d_{t,c}\}|f,\{\alpha_t\}\right) = \prod_{t=1}^{T}\prod_{c=1}^{C}\prod_{x\in\chi} \frac{1}{\sqrt{2\pi\sigma_c^2}} \exp\left\{-\frac{\left[d_{t,c}(x) - f * s_{t,c}(x)\right]^2}{2\sigma_c^2}\right\} \tag{8-66}$$

为了降低问题的病态性，假设 $f$ 先验分布的密度函数是

$$p\left(f(x)\right) = \frac{1}{\sqrt{2\pi\gamma^{-1}}} \exp\left\{-\frac{f(x)^2}{2\gamma^{-1}}\right\} \tag{8-67}$$

实际运用 PD 方法时可以引入 $f$ 的一些稀疏性先验，例如可以假设 $f$ 的梯度满足拉普拉斯先验，其所在 PD 问题的对数似然中对应的就是总变分正则项。

给定 $\{d_{t,c}\}$ 条件下的 $f$ 和 $\{\alpha_t\}$ 的后验概率密度函数为

$$p\left(f,\{\alpha_t\}\,|\,\{d_{t,c}\}\right) = \frac{p\left(\{d_{t,c}\}\,|\,f,\{\alpha_t\}\right)p\left(f\right)p\left(\{\alpha_t\}\right)}{p\left(\{d_{t,c}\}\right)}$$

$$\propto p\left(\{d_{t,c}\}\,|\,f,\{\alpha_t\}\right)p\left(f\right)p\left(\{\alpha_t\}\right) \tag{8-68}$$

如果说 PD 应用于地基大口径望远镜，波前畸变来源于大气扰动，那么可以根据相关的大气理论为 $\{\alpha_t\}$ 构造先验，例如文献 [65]。在一般的情况下，我们假设 $\{\alpha_t\}$ 的先验是均匀分布，即无信息先验。此时有

$$p\left(f,\{\alpha_t\}\,|\,\{d_{t,c}\}\right) \propto p\left(\{d_{t,c}\}\,|\,f,\{\alpha_t\}\right)p\left(f\right) \tag{8-69}$$

$$p\left(f,\{\alpha_t\}\,|\,\{d_{t,c}\}\right) \propto \prod_{t=1}^{T}\prod_{c=1}^{C}\prod_{x\in\chi}\frac{1}{2\pi\sqrt{\sigma_c^2\gamma^{-1}}}$$

$$\times \exp\left\{-\frac{[d_{t,c}(x)-f*s_{t,c}(x)]^2}{2\sigma_c^2}\right\}\exp\left\{-\frac{f(x)^2}{2\gamma^{-1}}\right\} \tag{8-70}$$

上式的对数似然就是 PD 的目标函数

$$L\left(f,\{\alpha_t\}\right) = \sum_{c=1}^{C}\sum_{t=1}^{T}\sigma_c^{-2}\left\|d_{t,c}(x)-f*s_{t,c}(x)\right\|^2 + \gamma\left\|f(x)\right\|^2 \tag{8-71}$$

由瑞利定理得

$$L\left(f,\{\alpha_t\}\right) = \frac{1}{N}\left\{\sum_{c=1}^{C}\sum_{t=1}^{T}\sigma_c^{-2}\left\|D_{t,c}-F\cdot S_{t,c}\right\|^2 + \gamma\left\|F\right\|^2\right\} \tag{8-72}$$

其中，$D_{t,c}$，$F$，$S_{t,c}$ 分别为 $d_{t,c}$，$f$，$s_{t,c}$ 的傅里叶变换；$N$ 是图像中像素的个数。

对式 (8-72) 求关于 $F$ 的导数，并令导数为 0，求得式 (8-72) 关于 $F$ 的稳定点，这个稳定点便是式 (8-73)，将式 (8-73) 代入式 (8-72) 得到式 (8-74)，从而可将目标估计作为独立中间过程与相位估计分离，得到与目标无关的评价函数。

$$F = \frac{\displaystyle\sum_{c=1}^{C}\sigma_c^{-2}D_cS_c^*}{\gamma+\displaystyle\sum_{c=1}^{C}\sigma_c^{-2}|S_c|^2} \tag{8-73}$$

$$L\left(\{\alpha_t\}\right) = \frac{1}{N}\sum_{u}\left\{\sum_{c=1}^{C}\sigma_c^{-2}|D_c|^2 - \frac{\left|\displaystyle\sum_{c=1}^{C}\sigma_c^{-2}D_cS_c^*\right|^2}{\gamma+\displaystyle\sum_{c=1}^{C}\sigma_c^{-2}|S_c|^2}\right\} \tag{8-74}$$

式 (8-71) 是多通道之间读出噪声不一致时的评价函数 [42]。本文所述的多通道实际上是成像相机在若干时刻及调焦电机的带动下，在若干已知离焦量的离焦面上采集来的图像。由此可知各个通道的 $\sigma_c^{-2}$ 是相等的，为一常数。确定评价函数后，图像恢复过程就可描述为数学最优化问题，采用适合大规模变量寻优的简单约束有限内存拟牛顿法 (L-BFGS-B) 进行搜索。

### 8.7.2  相位差异光学波前传感精度的影响因素

PD 光学波前传感技术的波前探测精度主要受限于波前表示偏差和探测噪声两方面。PD 光学波前传感技术常用 Zernike 多项式来对波前进行表示，Zernike 多项式可以有无穷阶展开，但实际上仅用前若干阶来进行对波前表示，这就可能对波前的高频部分表示不完整，就会造成测量结果固有的偏差。这个偏差可以通过增加 Zernike 多项式的展开阶数来减小，但是随着 Zernike 多项式展开阶数的增加，就会增加未知数的个数，从而使得估计的方差增加。而探测噪声的大小直接影响估计的方差。假设被测量光学系统的波前畸变可以被 PD 光学波前传感技术算法中给定的 Zernike 阶数完全表示，并且测量过程中的信噪比足够大，测量过程中采集的样本数量足够多，那么 PD 光学波前传感技术的波前探测精度均方误差可以达到百分之一个波长。

# 8.8  相位差异光学波前传感技术应用实例

### 8.8.1  地基望远镜的非共光路标定

#### 1. 实验系统

自适应光学系统的光路在变形镜之后有一块分色镜，它把光分为两路，一路进入成像光路最终到达成像相机，一路进入哈特曼波前探测器。分色镜到成像相机这部分的光学系统静态像差叫作非共光路像差，它并不能由身处另一路的哈特曼探测器所探测。如果非共光路像差已知，那么把它加入到变形镜上作为初始面型就会消除非共光路像差，提高光学系统整体的成像质量，所以如何在不改变光路前提下比较精确地测量出非共光路像差是自适应光学系统装调的重要问题 [43,44,48]。

1.23m 口径地基光电望远镜 137 单元自适应光学系统的非共光路像差测试系统，实验系统结构图如图 8.23 所示。望远镜收集来的光，会聚到第一像面，准直后光束变为平行光入射到变形镜上；光束经变形镜整形后反射到分色镜上，分为两路：一路通过透镜最终在 CCD 上成像，称成像光路；另一路进入哈特曼光学波前传感器，称 AO 光路。

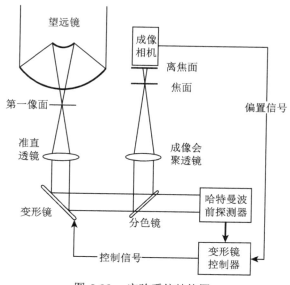

图 8.23　实验系统结构图

非共光路像差校正步骤如下：

第一步，关闭主镜盖，通过光箱内部的机械装置在如图 8.23 所示的第一像面放置一个光纤白光光源；

第二步，根据哈特曼光学波前传感技术测得的波前畸变来闭环控制变形镜，尽量补偿从第一像面到哈特曼波前探测器之间的像差；

第三步，控制调焦电机，移动成像相机到焦面位置，设置相机的曝光时间，保证光纤光源所成像的灰度值没有饱和，然后采集若干幅图像；

第四步，控制调焦电机，使成像相机停留在已知的离焦面上，采集若干幅图像；假设用 $C$ 个离焦通道采集的数据进行波前解算，那么要反复执行这个过程 $C$ 次，直到数据采集完毕；

第五步，关闭光纤光源，采集相机本底，统计相机的读出噪声，并得到图像的暗场信息；

第六步，将采集来的图像及其所对应的离焦量输入到 PD 计算程序，计算得到波前及图像恢复后的光纤光源的像；

第七步，用 AO 系统对 PD 计算得到的静态像差进行预先补偿。

在不改变 AO 系统光路的前提下，进行非共光路的像差检测将会遇到一系列问题。

问题一，对于大口径望远系统而言，为了提高整个系统的焦距，就会让二次成像过程是一个对第一像面的像的放大过程。假设准直透镜的焦距为 $f_1$，成像会

聚透镜的焦距为 $f_2$，我们的系统二次成像光路对第一像面的像的放大倍率 $K = f_2/f_1 = 4.4$。我们用的光源是大恒光电的 GCI-06 直流调压光纤光源，光源的灯泡是 150W 石英卤素灯，光纤头我们有两个，光纤头 A 是直径 1mm 的光纤束，光纤头 B 是直径 25μm 的光纤。我们的成像相机的像元大小为 13μm，那么把光纤头 A 放在第一像面，它在成像相机上理想的像的直径将会占 338.5 个像素；把光纤头 B 放在第一像面，它在成像相机上理想的像的直径将会占 8.5 个像素。如果我们使用光纤头 A，由于它是一个光纤束，细节较为丰富，对波前的载波能力强，很适合与 PD 对目标波前的解算；但是它有一个缺点，就是在不改变光路的前提下，如果用光纤束 A，因为它的面积过于大，那么哈特曼的各个子孔径成的像就会黏连，导致哈特曼无法对波前进行正确的测量。这样我们便没有办法完成实验步骤中的第二步，非共光路的像差的值也就不能从整个光路的像差中分离出来，所以我们不可以选择光纤头 A 作为我们的目标。如果我们使用光纤头 B，由于它只是一根光纤，所以它的直径只有 25μm，所以用它为目标，可以使哈特曼探测器正常工作，从而可以闭环控制变形镜以补偿从第一像面到哈特曼波前探测器之间的像差；但是，对波前估计而言，此时线性模型的载荷矩阵是目标图像，由于以光纤头 B 所成的像的细节非常少，对应的频谱高频分量少，载荷矩阵的条件数变大，这会加大 PD 的波前求解的病态性，这将导致 PD 的波前解算精度下降，也将导致 PD 检测波前的量程变短。又因为光纤头 B 在成像相机上理想的像的直径将会占 8.5 个像素，并非理想的点光源，所以用光纤头 B 作为目标时，无法使用 PR 算法。所以我们使用光纤头 B 作为目标的同时必须想办法改善 PD 求解波前的病态性问题。

问题二，调焦电机的平移轴与光轴必然不平行，这个问题会对 PD 的波前解算造成怎样的影响，如何克服。

问题三，用 PD 这种逆过程解算波前的特点是解算精度与被测波前的像差大小有关，被测波前越是平整，解算的精度越是精确，反之亦然。而在光路装调的初始阶段，像差比较大，所以 PD 测量的精度会受影响。

问题四，1.23m 自适应望远镜的调焦机构没有安装编码器，无法精确地读取调焦量信息。在离焦量不能准确测量的情况下，各个通道的相位差异将不能精确获取。原本的 PD 的目标函数会有问题。

下面我们给出以上四个问题的解决方法。

问题一的解决。解决这个问题最直接的方法就是增加通道数量，也就是测得一组在焦图像数据，多组不同离焦量的离焦图像数据作为 PD 的输入，这样便可以改善 PD 波前解算的病态性。如图 8.24 所示，在多通道数据的共同约束下，在搜索算法给定的有限精度下，反演出的波前将更接近于真实的波前。

值得注意的是，多通道的数据最好是同一时刻采集，但是我们的系统只能够通过调焦电机分时采集,这样就要求在采集过程中作为目标的光纤头的形状没有发生变化,而且我们待测的波前没有发生剧烈的变化,由于我们待测的波前是静态光学像差,所以这个条件基本可以满足。

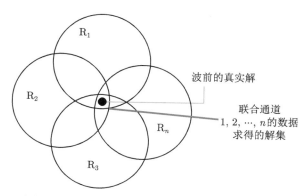

图 8.24 利用多通道数据对波前的解算进行约束

问题二的解决。如图 8.25 所示,$L_1$ 为调焦电机的平移轴,$L_2$ 为光轴,$L_1$ 与 $L_2$ 的夹角为 $a$。$P_1$ 为 CCD 沿着调焦电机平移轴所能达到的焦平面,$P_2$ 为距离 $P_1$ 为 $d$ 的离焦面。光纤头在 $P_1$ 上成的像的中心位置为 $o_1$,在 $P_2$ 上成的像的中心位置为 $o_2$,$o_1$ 在 $P_2$ 上的投影为 $o_1'$。$P_3$ 是一个平面,$L_2$ 与 $P_3$ 垂直,垂足为 $o_1$,$P_3$ 实际上为理想的焦平面,它与 $P_1$ 的夹角同样为 $a$。光纤头在 $P_3$ 上成像的宽度为 $AB$,在 $P_1$ 上的成像宽度为 $CD$。

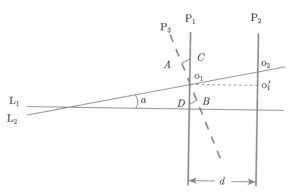

图 8.25 光轴与调焦电机平移轴关系图

由图 8.25 可知,由于 $L_1$ 与 $L_2$ 不平行,对 PD 数据采集造成的影响主要在离焦量误差和成像非等晕两个方面。

成像相机在 $P_1$ 和 $P_2$ 位置采集的图像的实际离焦量为 $o_1o_2$,而调焦电机

的移动量是 $d$, 我们如果把 $d$ 当作离焦量输入到 PD 算法, 就会有一个大小为 $o_1o_2 - d$ 的误差。这个误差是可以克服的, 只要我们知道 $a$ 的大小, 然后就可以得到 $o_1o_2 = d/\cos a$, 再把 $o_1o_2$ 作为离焦量输入到 PD 算法中便可, $a$ 的大小可以通过计算光纤头在 $P_1$ 和 $P_2$ 上成像脱靶量的 $o_2o_1'$ 及调焦电机移动的距离 $d$ 形成的三角关系获得, $a = \arctan(o_2o_1'/d)$。成像非等晕的问题在我们的系统里可以忽略不计, 这是因为, 我们的系统到达成像相机的 F# 大约为 40, 系统非常满足线性光学系统的特点, 所以在理想焦平面 $P_3$ 上的点 $A$ 与点 $B$ 处同一时刻的波前一致; 但是实际上 CCD 沿着调焦电机平移轴所能达到的焦平面是 $P_1$, 那么光纤头的像的两端分别是点 $C$ 和点 $D$, 在同一时刻点 $C$ 和点 $D$ 处的波前并不一致, 主要是离焦像差, 这个像差的大小为 $2\pi \cdot AB \cdot \tan a/(8 \cdot F\#^2 \cdot \lambda)$, 单位为 $\lambda$, 把 $AB = 25 \times 10^{-6} \times 4.4\text{m}$, $F\# = 40$, $\lambda = 800 \times 10^{-9}\text{m}$ 代入, 得到这个像差为 $(0.0675 \cdot \tan a)\lambda$, 假设 $a = 30'$, 则这个像差也只有 $5.89 \times 10^{-4}\lambda$, 所以这个由光轴与调焦电机平移轴的不平行所造成的非等晕问题可以忽略。

　　问题三的解决。假设非共光路已经调整到可以用变形镜来弥补剩余的残差的状态, 一般来说非共光路像差的 RMS 在 $0.4\lambda$ 以内便可以, 这个数值的大小要考虑变形镜的行程。为了让 PD 能够更精确地测得非共光路像差, 可以用如图 8.26 所示的方式来操作。首先, 标定变形镜, 然后根据哈特曼波前探测器测得的波前来闭环控制变形镜, 尽量补偿从第一像面到哈特曼波前探测器之间的像差; 然后用多通道 PD 法检测第一像面到成像相机之间的像差, 因为这时候第一像面到哈特曼波前探测器之间的像差已经补偿完毕, 所以用 PD 测得的像差就是非共光路的像差; 接着把 PD 测得的像差作为自适应光学系统的偏置调整变形镜; 然后反复这个过程, 每一次执行之后, PD 检测到的非共光路像差会越来越小, 变形镜的调整量也会越来越小, 最终收敛。在实际应用过程中, 这个往复迭代的过程只需要二到三次调整便可以收敛。

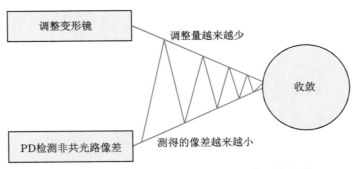

图 8.26　PD 检测与调整变形镜往复迭代最终收敛

　　问题四的解决。此问题是一个 PD 用于光学系统的在位检测的共性问题。被检测系统在设计之初并没有考虑到未来会使用 PD，调焦机构往往没有安装编码器。调焦量不能被精确读取，此时需要对调焦误差进行建模。

调焦机构由调焦电机和螺纹杆构成。调焦电机为步进电机，假设调焦电机每走一步，移动量满足正态分布：$N(l, \delta_l^2)$。对于某一通道 $c$，移动的离焦量为 $Z_c$，那么实际的离焦量为 $z_c \sim N\left(Z_c, \dfrac{Z_c}{l}\delta_l^2\right)$，调焦误差为 $\Delta_c = z_c - Z_c \sim N\left(0, \dfrac{Z_c}{l}\delta_l^2\right)$；调焦量误差造成的波前相位差为 $\theta_{\Delta_c}(r) = \dfrac{\pi \Delta_c r^2}{4\lambda(F\#)^2}$，其中 $r \in [0,1]$ 为波前单位圆的极轴，$\lambda$ 是光的波长，$F\#$ 是光学系统的焦距除以口径。在各个离焦通道离焦量的调整存在误差时，通道 $c$ 的波前相位描述为

$$\phi(v) = \theta_c(v) + \theta_{\Delta_c}(r) + \sum_{m=1}^{M} \alpha_m Z_m(v) \tag{8-75}$$

如前所述，有

$$p(f, \{a_t\}, \{\Delta_c\} \mid \{d_{t,c}\}) \propto p(\{d_{t,c}\} \mid f, \{a_t\}) \, p(f) \, p(\{\Delta_c\}) \tag{8-76}$$

假设 $\{\Delta_c\}$ 之间是独立的，其对数似然如下：

$$L(f, \{\alpha_t\}) = \sum_{c=1}^{C} \sum_{t=1}^{T} \sigma_c^{-2} \|d_{t,c}(x) - f * s_{t,c}(x)\|^2 + \gamma \|f(x)\|^2 + l\delta_l^{-2} \sum_{c=1}^{C} \frac{\Delta_c^2}{Z_c} \tag{8-77}$$

由上式可知，在实际调焦量不可知的情况下，PD 的目标函数应当加入 $l\delta_l^{-2} \sum\limits_{c=1}^{C} \dfrac{\Delta_c^2}{Z_c}$ 项。而加入此项的目标函数关于 $F$ 的稳定点不变，所以省略中间推导过程，化为频域后，得到改造后的目标函数为 [45]

$$L(\{\alpha_t\}) = \frac{1}{N} \sum_u \left\{ \sum_{c=1}^{C} \sigma_c^{-2} |D_c|^2 - \frac{\left| \sum\limits_{c=1}^{C} \sigma_c^{-2} D_c S_c^* \right|^2}{\gamma + \sum\limits_{c=1}^{C} \sigma_c^{-2} |S_c|^2} \right\} + l\delta_l^{-2} \sum_{c=1}^{C} \frac{\Delta_c^2}{Z_c} \tag{8-78}$$

在离焦量不能准确测量的情况下，通过此方法调整 PD 法评价函数，用多通道约束波前的解集和像差检测与变形镜调整互相迭代最终收敛的办法，可弥补测量条件不理想以及放松离焦量差异对波前解集的约束而带来的问题。把测得的非共光路像差用变形镜的初始偏置进行校正，使自适应系统校正效果明显改善，可显著提高望远镜的观测像质。

2. 实验结果与分析

实验系统的参数如下：$F\# = 40$，准直透镜 $F\# = 9.1$，中心波长为 800nm，焦深约为 2.56mm。实验中选取的离焦量分别为 0mm，$\pm 10$mm，$\pm 20$mm 共五个通道。相机像元尺寸为 $13\mu$m，曝光时间为 1ms。

标定变形镜，根据哈特曼波前探测器测得的波前来闭环控制变形镜；采集来的五个通道的图像，如图 8.27 所示，从左到右由上至下前五幅图采集时的离焦量分别是 $-20$mm，$-10$mm，0mm，10mm，20mm，最后一幅是以前五幅图像作为输入而恢复得到的图像。

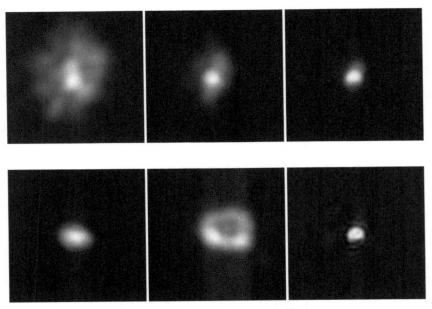

图 8.27　首次采集图像及恢复结果

此实验以 Zernike 系数前 15 项为未知数进行搜索，探测得到的波前，如图 8.28 所示，RMS $= 0.129\lambda$，PV $= 0.798\lambda$。把 Zernike 各项系数加入到变形镜的控制上产生偏置，重复采集过程，采集来的图像，如图 8.29 所示。图 8.30 所示的是探测得到的波前，RMS$= 0.083\lambda$，PV$= 0.491\lambda$。在第三次曝光时，我们再重复一次此过程，采集的焦面图像，如图 8.31 所示。图 8.32 所示的是探测得到的波前，RMS $= 0.08336\lambda$，PV$= 0.1706\lambda$。三次测得的从第一像面到 CCD 的振幅传递函数 (MTF)，如图 8.33 所示。

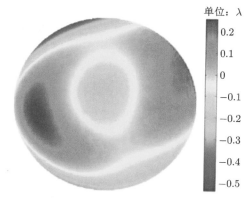

图 8.28　第一次测得的波前

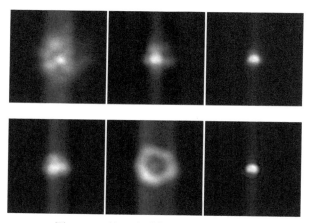

图 8.29　第二次采集图像及恢复结果

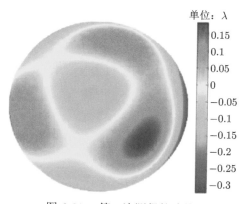

图 8.30　第二次测得的波前

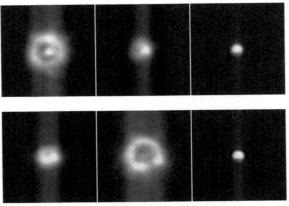

图 8.31 第三次采集图像及恢复结果

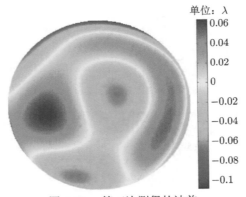

图 8.32 第三次测得的波前

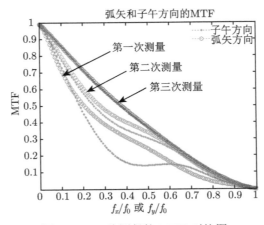

图 8.33 三次测得的 MTF 对比图

三次的焦面图像对比可以看出成像质量得到了有效地提高,如图 8.34 所示是半高宽 (FWHM)。

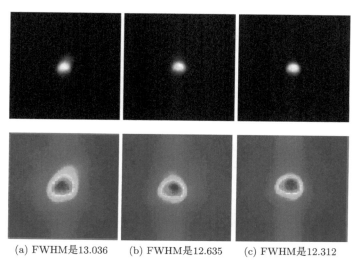

(a) FWHM是13.036    (b) FWHM是12.635    (c) FWHM是12.312

图 8.34    每一次的焦面图像对比

三次测量结果如表 8.3 所示。表 8.3 列出了归一化后的 Zernike 系数中的第 5 项到第 15 项的值。由表中数据可以看出,经两次测量并将测量值加入到变形镜作为偏置,测得的非共光路像差的各项系数均有下降。

| 表 8.3    测量结果 | | | (单位: λ) |
| --- | --- | --- | --- |
| Zernike 项 | 结果 1 | 结果 2 | 结果 3 |
| 像散 $(y)$ | $-0.04126$ | $0.021188$ | $-1.17\times10^{-6}$ |
| 像散 $(x)$ | $0.074274$ | $0.013563$ | $0.016229$ |
| 彗差 $(y)$ | $0.033199$ | $-0.01572$ | $0.0026692$ |
| 彗差 $(x)$ | $-0.02844$ | $0.027296$ | $0.0104996$ |
| 三叶 $(y)$ | $0.007373$ | $-0.02682$ | $0.0065235$ |
| 三叶 $(x)$ | $0.009169$ | $-0.02414$ | $-0.008130$ |
| 球差 | $-0.07451$ | $0.007282$ | $-0.018211$ |
| 二阶像散 $(y)$ | $-0.00736$ | $0.000229$ | $-0.003762$ |
| 二阶像散 $(x)$ | $-0.0004$ | $-0.01828$ | $-0.002356$ |
| 四叶 $(y)$ | $0.008857$ | $-0.00141$ | $0.0004483$ |
| 四叶 $(x)$ | $0.000945$ | $0.010345$ | $-0.006693$ |

为了对比多通道 PD 与双通道 PD 在此问题上的测量结果,我们用图 8.27 所示第一次测量时采集来的五个通道中离焦量分别为 0mm 和 20mm 的两个通道的数据,对波前进行测量,得到恢复的目标图像。测得的 Zernike 系数如表 8.4 所示,RMS $= 0.107\lambda$,PV$= 0.562\lambda$。其波前与图 8.31 相比,虽然波前的趋势是一致

的，实际上双通道测量结果测得的各项 Zernike 系数所构成向量的范数小于多通道测得的各项 Zernike 系数所构成向量的范数。这是因为目标细节不够丰富，载波能力差，不利于 PD 的波前解算，所以造成了 PD 的量程变短和测量精度下降。

表 8.4　多通道与双通道测量结果对比　　　　　　　　　（单位：$\lambda$）

| Zernike 项 | 多通道结果 | 双通道结果 |
|---|---|---|
| 像散 $(y)$ | −0.04126 | −0.0467954 |
| 像散 $(x)$ | 0.074274 | 0.0728908 |
| 彗差 $(y)$ | 0.033199 | −0.0255422 |
| 彗差 $(x)$ | −0.02844 | −0.00620417 |
| 三叶 $(y)$ | 0.007373 | −0.00156453 |
| 三叶 $(x)$ | 0.009169 | −0.0183171 |
| 球差 | −0.07451 | −0.0514782 |
| 二阶像散 $(y)$ | −0.00736 | −0.0028025 |
| 二阶像散 $(x)$ | −0.0004 | −0.0112684 |
| 四叶 $(y)$ | 0.008857 | −0.00131446 |
| 四叶 $(x)$ | 0.000945 | −0.00378787 |

如图 8.35 所示是对北极星在曝光时间为 50ms 时非共光路像差标定前后所采集的图像，标定前所采集的图像如图 8.38(a) 所示，FWHM=13.083，标定后所采集的图像如图 8.35(b) 所示，FWHM=11.520，都是 100 帧取平均所得到的，能量集中度略有提高。

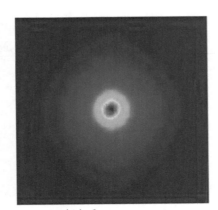

(a) 标定前FWHM=13.083　　　　　　　　(b) 标定后FWHM=11.520

图 8.35　非共光路像差标定前后对北极星采集的图像

## 8.8.2　相位差异光学波前传感技术用于双星探测

　　PD 光学波前传感器用于星体探测的实物图如图 8.36 所示，实验设备参数如表 8.5 所示 [41,46,47,50]。

图 8.36 PD 实验布局

**表 8.5 实验设备参数**

| | | |
|---|---|---|
| 望远镜 | 主镜直径 | 1.23m |
| | 焦距 | 50m |
| | 成像中心波长 | 800nm |
| 成像相机 | 名称 | Andor DU-897D |
| | 像元数 | 512×512 |
| | 像元大小 | 16μm×16μm |
| | 数据位数 | 14bit |

综合考虑焦深和离焦相位，实验中离焦通道的离焦距离 $d_0$ 选择 1.1mm。采集双星图像，双星距离为 0.4″，其中一颗 5.3 星等，另一颗 5.6 星等，仰角为 38.8°，曝光时间为 5ms，得到的图像序列，如图 8.37 所示。由于受大气湍流影响，图像严重模糊导致双星无法区分，从能量图也可以看出。

图 8.38(a) 为单帧恢复效果图，处理后的双星分辨不明显；图 8.38(c) 为前 10 帧恢复效果，将 0.4″ 的双星从无法分辨的散斑噪声图像中恢复出来，恢复前后效果对比明显，说明了 PD 多帧联合恢复目标是可行的。

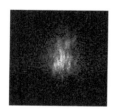   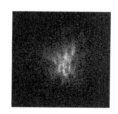

(a) 第1帧        (b) 第7帧        (c) 第13帧        (d) 第19帧

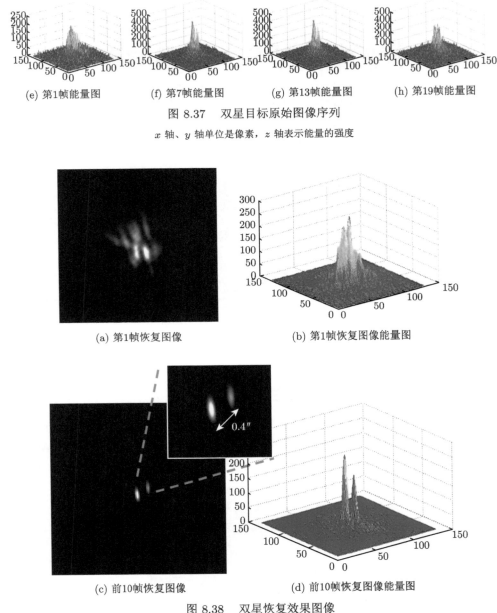

(e) 第1帧能量图        (f) 第7帧能量图        (g) 第13帧能量图        (h) 第19帧能量图

图 8.37    双星目标原始图像序列

$x$ 轴、$y$ 轴单位是像素，$z$ 轴表示能量的强度

(a) 第1帧恢复图像                              (b) 第1帧恢复图像能量图

0.4″

(c) 前10帧恢复图像                            (d) 前10帧恢复图像能量图

图 8.38    双星恢复效果图像

(b) 和 (d) 中 $x$ 轴、$y$ 轴的单位是像素，$z$ 轴表示能量的强度

# 参 考 文 献

[1]    马鑫雪. 基于焦面图像信息的波前探测技术研究 [D]. 长春: 中国科学院长春光学精密机械

与物理研究所, 2014.

[2] 马鑫雪, 王建立, 王斌, 等. 相位恢复波前传感器测量精度的定量分析 [J]. 光学学报, 2013, 33(10): 1028001.

[3] 马鑫雪, 王建立, 王斌. 利用相位恢复波前传感技术检测球面镜面形 [J]. 红外与激光工程, 2014, 43(10): 3428-3433.

[4] 马鑫雪, 王建立, 王斌. 相位恢复技术算法的探究 [J]. 激光与红外, 2012, 42(2): 217-221.

[5] 马鑫雪, 王建立. 利用相位差异法检测镜面面形 [J]. 光学精密工程, 2015, 23(4): 975-981.

[6] Lyon R, Miller P E, Crusczak A. Hubble space telescope phase retrieval: A parameter estimation[C]. Proc. SPIE, 1991, 1567: 317.

[7] Roddier C, Roddier F. Combined approach to the hubble space telescope wavefront distortion analysis[J]. Applied Optics, 1993, 32(10): 2992-3008.

[8] Fienup J R, Marron J C, Schulz T J, et al. Hubble space telescope characterized by using phase-retrieval algorithms[J]. Applied Optics, 1993, 32(10): 1747-1767.

[9] Krist J E, Burrows C J. Phase retrieval analysis of pre and post-repair hubble space telescope images[J]. Applied Optics, 1995, 34: 4951-4964.

[10] Endelman L L, Enterprises E, Jose S. Hubble space telescope: Now and then[C]. Proc. SPIE, 1997, 2869: 44-57.

[11] Lowman A E, Redding D C, Basinger S A, et al. Phase retrieval camera for testing NGST optics[C]. Proc. SPIE, 2003, 4850: 329-335.

[12] Acton D S, Atcheson P D, Cermak M, et al. James webb space telescope wavefront sensing and control algorithms[C]. Proc. SPIE, 2004, 5487: 887-896.

[13] Parsonage T B. JWST beryllium telescope: Material and substrate fabrication[C]. Proc. SPIE, 2004: 39-48.

[14] Contreras J W, Lightsey P A. Optical design and analysis of the James Webb Space Telescope: Optical telescope element[C]. Proc. SPIE, 2004: 30-41.

[15] Sabelhaus P A, Campbell D, Clampin M, et al. An overview of the James Webb Space Telescope (JWST) project[C]. Proc. SPIE, 2005: 550-563.

[16] Ryder L A, Jamieson T. Lens design for the near infrared camera for the James Webb Space Telescope[C]. Proc. SPIE, 2005: 590409.

[17] Dean B H, Aronstein D L, Smith J S, et al. Phase retrieval algorithm for JWST flight and tested telescope[C]. Proc. SPIE, 2006, 6265: 1-17.

[18] Atkinson C B, Texter S C, Feinberg L D, et al. Status of the JWST optical telescope element[C]. Proc. SPIE, 2006.

[19] Dean B H, Aronstein D L, Smith J S, et al. Phase retrieval algorithm for JWST flight and testbed telescope[C]. Proc. SPIE, 2011: 626511.

[20] Alexandra Z G, Noah G, Anand S. In-focus phase retrieval using JWST-NIRISS's non-redundant mask[C]. Proc. SPIE, 2016: 990448.

[21] 丁凌艳. 非球面相位恢复检测技术研究 [D]. 长沙: 国防科学技术大学, 2011.

[22] 谢超. 光学镜面相位恢复子孔径拼接测量技术研究 [D]. 长沙: 国防科学技术大学, 2013.

[23] Gonsalves R A, Chidlaw R. Wavefront sensing by phase retrieval[C]. Proc. SPIE, 1979, 207: 32-39.

[24] Fienup J R, Wackerman C C. Phase-retrieval stagnation problems and solutions[J]. J. Opt. Soc. Am. A, 1986, 3(11): 1897-1907.

[25] Brady G R, Fienup J R. Phase retrieval as an optical metrology tool[C]. Technical Digest, Proc. SPIE, 2005, TD03: 139-141.

[26] Fienup J R. Phase-retrieval algorithms for a complicated optical system[J]. Applied Optics, 1993, 32(10): 1737-1746.

[27] Gerchberg R W, Saxton W O. Phase determination from image and diffraction plane pictures in the electron microscope[J]. Optik, 1971, 34(3): 275-284.

[28] Gerchberg R W, Saxton W O. A practical algorithm for the determination of phase from image and diffraction phase pictures[J]. Optik, 1972, 35(2): 237-246.

[29] Gonsalves R A, Chidlaw R. Wavefront sensing by phase retrieval[C]. Proc. SPIE, 1979, 207: 32-39.

[30] Wilkins S W, Gureyev T E, Gao D, et al. Phase-contrast imaging using polychromatic hard X-rays[J]. Nature, 1996, 384: 335-338.

[31] Pogany A, Gao D, Wilkins S W. Contrast and resolution in imaging with a microfocus X-ray source[J]. Review Science Insitrument, 1997, 68(7): 2774-2782.

[32] Yu B, Peng X, Tian J D, et al. Phase retrieval for in-line hard X-ray phase-contrast imaging with the Yang-Gu algorithm[C]. Proc. SPIE, 2006, 6026: 60260Z.1-60260Z.6.

[33] Millane R P. Phase retrieval in crystallography and optics[J]. J. Opt. Soc. Am. A, 1990, 7: 394-411.

[34] 于斌, 彭翔, 田劲东, 等. 硬 X 射线同轴相衬成像的相位恢复 [J]. 物理学报, 2005, 54(5): 2034-2037.

[35] Gonsalves R A. Phase retrieval and diversity in adaptive optics[J]. Optical Engineering, 1982, 21: 829-832.

[36] Cederquist J N, Fienup J R, Wackerman C C, et al. Wave-front phase estimation from Fourier intensity measurements[J]. J. Opt. Soc. Am. A, 1989, 6: 1020-1026.

[37] 胡晓军. 大型光学镜面相位恢复在位检测技术研究 [D]. 长沙: 国防科学技术大学, 2005.

[38] Goodman J W. Introduction to Fourier optics [M]. 3rd ed. Roberts and Company Publishers, 2005: 50-55.

[39] Lawson J K, Atlerbach J M, English R E, et al. NIF optical specifications-the importance of the RMS gradient[J]. LLNL Report UCRL-JC-130032, 1998: 7-12.

[40] Wyant J C, Creath K. Apllied Optics and Optical Engineering Vol. XI: Basic Wavefront Aberration Theory for Optical Metrology [M]. New York: Academic Press, 1992.

[41] 张楠. 基于相位差异的地基望远镜图像恢复算法与 GPU 高速实现 [D]. 长春: 中国科学院长春光学精密机械与物理研究所, 2012.

[42] 王斌, 汪宗洋, 王建立, 等. 双相机相位差异散斑成像技术 [J]. 光学精密工程, 2011, 19(6): 1384-1390.

[43]  王斌, 汪宗洋, 吴元昊, 等. 利用多通道相位差异波前探测法检测自适应光学系统非共光路像差 [J]. 光学精密工程, 2013, 21(7): 1683-1692.

[44]  汪宗洋, 王斌, 吴元昊, 等. 利用相位差异技术校准非共光路静态像差 [J]. 光学学报, 2012, 32(7): 701005-701007.

[45]  马鑫雪, 王斌, 李正炜. 相位差异法检测不理想环境下的非共光路像差 [J]. 光学精密工程, 2014, 22(12): 3175-3182.

[46]  Zhang S X, Wang B. A phase-diversity speckle experimental system for one meter-scale ground-based telescope[J]. Optik, 2015, 126(24): 5047-5051.

[47]  Zhang S X, Wang B, Zhao J Y. High resolution optical image restoration for ground-based large telescope using phase diversity speckle[J]. Optik, 2014, 125(2): 861-864.

[48]  Ma X X, Wang J L, Wang B. Phase diversity for calibrating noncommon path aberrations of adaptive optics system under nonideal measurement environment[J]. Optik, 2014, 125(17): 5029-5035.

[49]  汪宗洋, 王建立, 王斌, 等. 基于相位差异的图像复原方法 [J]. 光电工程, 2010, 37(12): 25-29.

[50]  王志臣, 王斌, 梁晶, 等. 相位差异散斑成像技术验证实验 [J]. 红外与激光工程, 2013, 42(12): 3428-3432.

[51]  Gonsalves R A, Chidlaw R. Wavefront sensing by phase retrieval[J]. Proc. SPIE, 1979, 207: 32-39.

[52]  Gonsalves R A. Phase retrieval and diversity in adaptive optics[J]. Optical Engineering, 1982, 21(5): 829-832.

[53]  Paxman R G, Fienup J R. Optical misalignment sensing and image reconstruction using phase diversity[J]. J. Opt. Soc. Am. A, 1988, 5(6): 914-923.

[54]  Paxman R G, Schulz T J, Fienup J R. Joint estimation of object and aberrations by using phase diversity[J]. J. Opt. Soc. Am. A, 1992, 9: 1072-1085.

[55]  Seldin J H, Paxman R G. Phase diverse speckle reconstruction of solar data [J]. Image Reconstruction and Restoration, Proc. SPIE, 1994, 2302: 268-280.

[56]  Thelen B J, Paxman R G, Carrara D A, et al. Maximum a posteriori estimation of fixed aberrations, dynamic aberrations, and the object from Phase-diverse Speckle data[J]. J. Opt. Soc. Am. A, 1999, 16: 1759-1768.

[57]  Vogel C R. Computational Methods for Inverse Problems[M]. Philadelphia: SIAM Press, 2002.

[58]  Vogel C R, Chan T, Plemmons R. Fast algorithms for phase diversity-based blind deconvolution[C]. Adaptive Optical System Technologies, Kona, Hawaii, USA. Proc. SPIE, 1998, 3353: 994-1005.

[59]  Seldin J H, Paxman R G, Carrara D A. Deconvolution of narrow-band solar images using aberrations estimated from phase-diverse imagery[J]. Proc. SPIE, 1999, 3815: 155-163.

[60]  Carreras R A, Restaino S R. Field experimental results using phase diversity on a binary star[R]. Final Report, Phillips Laboratory, 1996.

[61] Lofdahl M G, Berger T E, Shine R S, et al. Preparation of a dual wavelength sequence of high-resolution solar photospheric images using phase diversity[J]. The Astrophysical Journal, 1998, 495: 965-972.

[62] Lofdahl M G, Scharmer G B. Wave-front sensing and image restoration from focused and defocused solar images[J]. Astronomy & Astrophysics, 1994, 107: 243-264.

[63] Blanc A, Fusco T, Hartung M, et al.   Calibration of NAOS and CONICA static aberrations-application of the phase diversity technique [J]. Astronomy & Astrophysics, 2003, 436: 569-584.

[64] Bolcar M R. Phase diversity for segmented and multi-aperture systems [J]. Dissertations &Theses-Gradworks, 2009, 48(1): A5-A12.

[65] Roddier N, Atmospheric wavefront simulation using Zernike polynomials[C]. Optical Engineering, 1990, 29(10): 1174-1180.